健康新思维（一）

—— "少盐多水" 可使文明病减少40%

黄达德 梁志强 梁志荣 ◆编著

U0350959

中国出版集团公司

世界图书出版公司

广州·上海·西安·北京

图书在版编目（ＣＩＰ）数据

"少盐多水"可使文明病减少40% / 黄达德，梁志强，梁志荣编著. —广州：世界图书出版广东有限公司，2017.5

（健康新思维；一）

ISBN 978-7-5192-3000-5

Ⅰ．①少… Ⅱ．①黄… ②梁… ③梁… Ⅲ．①食盐－普及读物②水－普及读物 Ⅳ．①TS364-49②P33-49

中国版本图书馆CIP数据核字(2017)第114053号

书　　名：	健康新思维（一）——"少盐多水"可使文明病减少40%	
	Jiankang Xinsiwei Yi Shaoyan Duoshui Keshi Wenmingbing Jianshao 40%	
编 著 者：	黄达德　梁志强　梁志荣	
责任编辑：	张柏登　康琬娟	
装帧设计：	余坤泽	
出版发行：	世界图书出版广东有限公司	
地　　址：	广州市海珠区新港西路大江冲25号	
邮　　编：	510300	
电　　话：	（020）84460408	
网　　址：	http://www.gdst.com.cn/	
邮　　箱：	wpc_gdst@163.com	
经　　销：	新华书店	
印　　刷：	广州市怡升印刷有限公司	
开　　本：	889mm×1194mm　1/32	
印　　张：	8.125	
字　　数：	225千	
版　　次：	2017年6月第1版　2017年6月第1次印刷	
国际书号：	ISBN 978-7-5192-3000-5	
定　　价：	45.00元	

编者的话

本丛书是一套在健康出版物中少有的以"猜想"形式出现的健康丛书，书中提出了不少与传统理念有所不同的健康观点。这些观点虽然还未能得到严格的科学实验依据证明，也未曾进行过大量的临床检验，但仍能给人们以一定的启发，确能达到抛砖引玉的作用。

随着人们生活水平的不断提高，文明病越来越成为危害人类健康的主要病种，人们有理由需要一些新的健康思维去管理人类的健康，本书正好给了我们这方面的一个新尝试。

读完这本书以后，使我想起了爱因斯坦的一句名言："科学不能仅仅在经验的基础上成长起来，在建立科学时，我们免不了要自由地创造概念，而这些概念的适用性可以后验地用经验的方法来检验。"摘自《对爱因斯坦建立相对论理论的科学哲学阐述》——王士平（刊登于首都师范大学《自然科学》18卷第3期，1997年9月）。本书的健康新思维具有开阔的、发散的思维模式，但并没有凭空想象。而且运用了哲学中的形而上学和生物学中达尔文的进化理论，并结合物理、化学、数学和医学的基础知识进行论证，通俗易懂，有一定的合理性和可读性。这本书也可作为医学工作者和医学院校学生开阔思维的读物。

本书的主笔（梁志强）数十年如一日地践行着他的健康新理念，他已经年近七十，健康不仅没有走下坡，而且还没有出现任何老年病及文明病等症状，甚至曾患的腰肌劳损、膝关节炎、慢性咳嗽、肾结石等等也自愈了。

其他两位作者，一位是化工工程技术人员（主笔梁志强），另一位是民营企业家（第二作者梁志荣），他们都没有医专学历，在医学界中他们只是小字辈。这又使我联想到，人类的一项重大发现居然也不是由该专业的科学家完成的：20世纪50年代，在发现储存生物遗传信息的DNA双螺旋结构的4位科学家中（注：查百度百科"DNA双螺旋结构"即可找到4位科学家的学历），其中有3位是物理学家，一位是遗传学家。这一方面说明，科学的发展需要学科的交叉融合；另一方面也说明学科内存在固化和定向的思维，这种思维影响着该学科的发展，恐怕人们对自身的健康也存在这样的思维定式。

要把本书提出的猜想变成真正的科学，还有一段颇长的路程要走，需要经过大范围的人群通过实践去验证，也需要科研机构去证明或证伪。建议读者在实施本书的辅助治疗方案时，应在家庭医生的指导下进行。

黄达德

序　言

"形而上学"是本系列图书的研究工具

"健康新思维"系列丛书探究的是人类健康的难解之谜，由于人类是地球上演化到最高级的"物质"，人体内的未知因素又太多，我们不得不捡起"形而上学"这一探索世界的哲学工具。

形而上学是指那些关于有形物体之上的思辩的学问。**"它以'存在'（'有'，'本体'，'实体'）为研究对象，探究存在者之所以成为'存在'的根据的原则，是关于'存在'的科学。其核心问题，是追究'存在的意义'。"**（《自然哲学》[1]P6）

形而上学之所以在哲学中有着持久的生命力，就是因为"存在"是一切哲学都必须回答的问题。人类对"存在"的探究是永无止境的。大自然总有未显现的事物，总需要形而上学的思辩。**"如果排斥形而上学，科学就等于失去了灵魂，使它变成了毫无生命和发展前途的枯骨。"**（《自然哲学》[1]P259）

"进化论"是本系列图书的灵魂

1859年，达尔文发表了他的伟大巨著《物种起源》。提出生物进化的核心是"生存竞争—自然选择"。**遗传是物种存在的前提，而变异则是物种进化的动力。**包括如下4个要点：

（1）在生物群体里，由于环境条件的改变，会引起生物特性发生连续性的微小变异，每个个体之间都存在差别（**生物群体中存在着变异**）；

（2）这些差异可以遗传给后代（**变异是可以遗传的**）；

（3）生物后代的繁殖量超出环境的承受能力，因此，生物个体之间对有限的资源进行竞争（**生存斗争**）；

（4）最能适应环境的个体会生存下来，并留下更多的后代（**适**

1

者生存）。

"生存竞争—自然选择"的实质就是不断地强化基因中的某些特征，而这些特征必须能增加携带这些基因的后代的数目。

达尔文进化论的思维贯穿于"健康新思维"系列图书之中。

现代文明病是本系列图书的探索目标

当前医学界对于诸如"高血压"、"糖尿病"等"现代文明病"定性为"只可控制，不可根治"，其实还需要不断进行探索，"健康新思维"系列丛书正试图对"现代文明病"提出新的思维。

之所以会出现这样的情况，是由于当今社会只着眼于病情，"见木不见林"，实质上"现代文明病"的起因与人类生活方式密切相关。

现代人的生活方式可以追索到五千年前。当时人类在熟食的情况下引入了谷类食物，由于谷类食物是含钠（食盐的主要成分）最低的食物，在人类还没有找到食盐这种食物补充剂时，谷类食物只能作为人们的"副食"。后来人类发现了食盐后，才可以逐步把谷类作为主食。（把食盐引入人类的食谱，恐怕只有5000年的历史——摘录自百度百科"食盐"词条）因而可以这样说，**人类把谷类作为主食后才需要引入食盐**。

近百年来，由于人类的生活条件越来越好，食物越来越丰富，人们的主食便由粗粮变为精粮，且逐渐进入饱食的时代。由于精粮属"高糖"食物，因而人类便形成了"高糖饱食"的生活方式。

人们补充食盐原先只是为了满足人体功能上的需要，由于饱食趋生美食，美食产生调味，调味需要食盐。于是食盐便由满足人体功能上的需要，变为满足人们口味上的需要。同时由于食盐是人体的保水剂，于是人类便进入了"高盐少水"的恶性循环状态。**"高盐少水"**加上**"高糖饱食"**，当然还有现代人以车代步，坐多行少，减少了对身体的良性应激等，所有这些都使人们的生活越来越偏离人体功能所能适应的生活方式。

　　人们没有意识到，"现代文明病"完全是由现代人的不良生活方式引起。其中"高盐少水"正是引起原发性高血压病的原因之一，而"高糖饱食"则是形成2型糖尿病的病发的主要原因之一，其他的"现代文明病"也与这两方面因素有关。因而人们只有根本改变现代人的生活方式，才能避免和辅助治疗人类的"现代文明病"。

　　"健康新思维"系列丛书里，我们将从"进化论"、"人体功能学"、"细胞生物学"、"分子生物学"等学科的视觉去分析人体功能所能适应的生活方式，得出的结论将是对现代人生活方式的"颠覆"。

现代人生活方式对照表

	现代人的生活方式	人体功能适应的生活方式
食盐量	8～12g/d	2.5～4g/d
喝水量	少于2L/d	2.5～4L/d
饥与饱	长期饱食	每天适当饥饿（或六七成饱）
主食	精粮	杂粮加蔬果
食性	肉食过多	素食为主肉食适量
良性应激	太少	适量增加
对微生物	防卫过当	和平共处

阅读指南

　　由于本书里有不少"前无古人"的立论。且提出了颠覆传统生活方式的"另类"的生活方式。因而，本书**不但要面向普通读者，更需要让专家学者们理解和接受。**由此书中引用了许多人体科学及医学专业上的理论进行论证，从进化论、人体功能学、细胞生物学、分子生物学等层次进行探讨。对部分论述，普罗大众会感到深邃，专家学者又会嫌我们罗嗦。

　　为了解决这一问题，我们将以字体区分主次和读者群：①"黑体字"表示该部分是重点或中心；②"宋体字"属普通读者可以读懂的部分；③"隶书"及《专论》学术性较强，专供大专以上水平的读者阅读。

　　普通读者可按如下几个步骤进行阅读：

　　1. 先浏览目录里的章节；

　　2. 再阅读某章书的标题和"黑体字"；

　　3. 然后读"宋体字"；

　　4. 最后才阅读"隶书字体"及《专论》。

目　　录

反应、直立行走使人类血压更提高了）

数量会增加、体液pH上升有利于胰岛素与受体的结合、细胞膜外侧K^+浓度提高增加了胰岛素及受体的活性）

第一篇

人体内水－盐综述

RenTi Nei Shui-Yan ZongShu

第一章　人体实际需要多少食盐？

第一节　现代人的食盐摄入量堪忧

何志谦在《人类营养学》对食盐有如下一段陈述："NaCl（食盐）是人类必需的营养物质，而且在各种食物中都有它的存在。有时将盐加入食物是为了加工的防腐，例如咸菜或咸鱼，同时也是适应人们的口味，故人们总是在烹调中使用盐，并且总是在桌面上放着酱油，或在餐桌上放着食盐。Coatney等在5个月内分析了16个健康士兵的24h抽查尿样，算出每日每人为11g的钠。"（《人类营养学》[4]P277）（注：把11g钠折算为食盐是：11/0.4=27.5g。）

表1.1-1 是2005年全国部分城市居民食盐量调查的结果。根据各地的调查显示，全国吃盐最多的仍然是保持了多年全国最"咸"的东北人，一天要吃18g盐，华北、华中是12～13g/d，华南是8～10g/d。

表 1.1-1 各地居民食盐进食量（g/d）

（数据摘录自《南方都市报》2006-01-12）

城市/区域	东北	北京	上海	广东
食盐进食量	20	12.4	12	8

表 1.1-1 所列数据只是人们的食盐补充量，加上食物中含有的

食盐量（约1g/d），各地居民食盐实际的摄入量还要在上表的数字加上1g/d。

对于人体需要多少食盐量这个问题，确实众说纷纭。

"在温带条件下生活的正常成人每日最低的食盐需要量仅为1g。"（《人类营养学》[4]P250）——这是何志谦在《人类营养学》中的提议。

"如果食盐摄入量从每天9.5g减少到6g，率中发生概率下降13%，心脏疾病发生概率下降10%。"——英国医学研究理事会（MRC）提出［摘自《广州日报》（B版），2009-07-12］。

"建议健康成年人每日食盐补充量的上限由以前的6g降为5g。"——世界卫生组织专家建议。

在本节我们将从4个途径去推论成年人的食盐需要量，得出的结果却是惊人的相似，希望对人们的食盐量有一定的指导意义。

第二节 从婴儿的食盐量推导成年人的食盐需要量

地球上除人类以外的所有动物都无需额外补充食盐，这是众所周知的事实。人类最近亲的物种猿和猴同样没有额外补充食盐的需要。在地球上的生物中，只有人类是唯一需要额外补充食盐的。然而为什么以母乳喂养的人类婴儿却又无需额外补充食盐呢？这正是本节要阐明的问题。

关于母乳喂养

营养学家们在研究人类营养时，大都钟情于"母乳"这种特殊的营养物质。何志谦在他的《人类营养学》中，就专门辟了一章书论述"母乳喂养和婴幼儿营养"。以下是何志谦在他的《人类营养学》中关于母乳喂养的几段陈述：

"哺乳类动物进化结果，可以用一种单一的食物为它的婴儿提供所有需要的物质，这就是乳汁。"（《人类营养学》[4] P353）

"人乳是一种具有高度复合性和均一的分泌物。……人乳中含有上百种成分。"（《人类营养学》[4]P357）

"各国学者都认为母乳喂养有无可置疑的优点。"（《人类营养学》[4]P353）

哺乳类动物已经有6500万年的进化历史，人的最近亲的物种——猿也有400万年的进化过程。人类的乳汁其实是有6500万年的一般进化史和400万年的特殊进化史的产物。"物竞天择，适者生存"的自然选择规律，同样适合于母乳喂养的婴儿：只有由乳母产乳基因生产出来的乳汁适合婴儿生长，婴儿才能存活。这些乳母产乳基因才能被遗传下来。如果乳汁不能使婴儿存活，或使婴儿的生存率低，随着婴儿的夭折和偏低的生存率，这些乳母产乳基因就会被淘汰掉。如是，经过6500万年的自然选择，最终的结果是，哺乳动物的母乳是最适合它们的婴儿生长的，包含婴儿所需的全营养素。

婴儿从母乳能获得足量的食盐

下表的数据主要来自于何志谦的《人类营养学》。假设0~6个月大的婴儿全母乳喂养，以0~6个月婴儿的平均数进行计算。

表 1.2-1 0~6个月大婴儿食盐摄入量分析

（《人类营养学》[4]P368 表14-6）

母乳含食盐量（mg/L）	日均吸乳量（ml/d）	日均食盐摄入量（mg/d）	平均体重（kg）	kg体重食盐摄入量[mg/（kg·d）]
425	800	340	6.2	55

下面以婴儿与成年人每kg体重的食盐最低摄入量进行粗略的比较（表1.2-2）。

表 1.2-2 婴儿与成年人最低食盐摄入量比较

	平均体重（kg）	食盐摄入量（mg/d）	kg体重食盐摄入量[mg/（kg·d）]
成年人	65	2559[①]（最低）	39
婴儿	6.2	340	55

（注：数据来源于第五章P64。）

由表1.2-1得知，0～6个月大婴儿每kg体重食盐摄入量为55mg/（kg·d），成年人每kg体重维持生存的最低食盐摄入量是39mg/（kg·d），婴儿每kg体重的食盐摄入量等于成年人每kg体重维持生存的最低食盐摄入量的1.4倍（55/39）。显然婴儿仅仅从母乳那里获得的食盐量是足够的，因而婴儿无需额外补充食盐。

2013-11-29《广州日报》刊登了一则消息，标题是：《3月婴儿夭折，盐巴竟是凶器》。报道称："近日，台湾发生一起3个月大的女婴猝死案，后经检警侦办后，证实是女婴的伯母多次在奶粉中加盐，导致婴儿因高血钠症死亡。"这起案例，如果不是有意谋杀，就是十足的无知。它告诉为人父母者，母乳及婴儿配方奶粉本身已经含有婴儿所需的足量的食盐，再额外补充食盐，不但无益，反而有害。

由婴儿食盐量推导出成人食盐需要量

由表1.2-2得知，婴儿每kg体重的食盐摄入量是55mg/（kg·d），假设成人体重按65kg算，按下式可以由婴儿食盐需要量推算出成年人每天总的食盐需要量：

成人食盐（总）需要量=65 kg×55 mg/（kg·d）=3575mg/d

第三节 从人类祖先的食盐量推导出的结果

人类最近的进化历程是：猴——猿——裸猿——现代人。人类祖先最稳定的种群是猴和"裸猿"，猿则游走于它们之间。回到丛林，它们就像猴一样生活，离开丛林，它们就会灭亡。如今裸猿已成现代人。

猴的食盐量

表 1.3-1 是从猴的食谱推算猴的食盐摄入量。猴子对食盐的摄取完全从天然食物中获得，猴子既然生活在树上，它们的食物链就是树上提供的食物，如树叶、瓜果之类。故我们安排猴子的食谱以果类和树叶类占了总量的50%。现代的猴子基本不吃肉，故没有给古代的猴子安排肉类食物。至于谷类和干豆类，由于生食时对灵长类动物的肠胃会出现不适的反应，我们也没有把它们列入猴子的食谱。猴子的蛋白质和油脂主要来自坚果类和禽蛋类。

我们之所以把猴、猿每天摄食的热量设定为1200kcal，是因为猴、猿在野外的生存环境中处于半饥饿的状态，且同时在低钠的饮食条件下，均使热量的消耗较低。（主笔平均每天摄食的热量也是控制在1200 kcal /d——参阅第三章第一节）

表 1.3-1 从猴的食谱推算猴的食盐摄入量

	热量占比（%）	总热（Kcal）	质量（g）	含钠（mg）	折食盐（mg/d）
坚果类	10	120	33	19	47.5
蛋类	10	120	90	81	202.5
鲜豆类	10	120	231	11	27.5
瓜类	10	120	658	48	120

（续表）

	热量占比（%）	总热（Kcal）	质量（g）	含钠（mg）	折食盐（mg/d）
果类	25	300	658	14	35
根茎类	10	120	278	83	207.5
叶菜类	25	300	1750	1420	3550
合计	100	1200	3728	1676	4190

（注:① 食物的热量和含钠量参照《食物成分表》[7]；② 各类食物取人们5种常吃品种平均计算；③ 折食盐=含钠量/0.4。）

猿的食盐量

对于猿，由于在丛林尽毁时，人类祖先被赶到地面上生活。食物的严重不足，迫使它们改变了在树上时的饮食习惯。在饥肠辘辘的情况下，只能找到什么就吃什么。如软体动物类，浅水中的鱼虾类，还有猛兽吃剩的畜禽肉都会成为它们的果腹之物。我们设定它们的肉食量为30%。

由于没有了树林，果类和叶菜类食物明显减少，地面的植物类食物，如鲜豆类、瓜类和根茎类有所增加。

表1.3-2 是我们假设给在地面生活的猿的一个食谱，按照这一食谱，计算出猿离开丛林后每天的食盐摄入量是2327mg/d。

表 1.3-2 猿的食盐摄入量

	热量占比（%）	总热（Kcal）	质量（g）	含钠（mg）	折食盐（mg/d）
软体动物类	10	120	170	140	350
畜禽类	10	120	70	44	110
鱼虾类	10	120	120	120	300
鲜豆类	15	180	280	14	35
果类	15	180	315	4	10
瓜类	15	180	820	57	142
根茎类	15	180	330	102	255

	热量占比（%）	总热（Kcal）	质量（g）	含钠（mg）	折食盐（mg/d）
叶菜类	10	120	570	450	1125
合计	100	1200	2750	943	2327

（注：同表1.3-1。）

从人类祖先推导出的结果

表 1.3-3 是由表1.3-1 和表 1.3-2 的数据摘编而成。猴和猿的食盐量完全从食物获得。猴从树上获取食物，猿则是在地面取得食物，它们都没有添加食盐。由于毛猿和"裸猿"已经下到地面生活，它们的食谱相近，从食物中获得的食盐量是相同的。所不同的是，毛猿由于有体毛附身，通过体毛不感蒸发排出的食盐较多，所以毛猿需要依傍丛林以增加植物性食物才能保持体钠平衡；而"裸猿"则可以生存在地球上的每一个角落。

表 1.3-3 猴和猿的食盐量（mg/d）

	摄取钠	折食盐
猴	1676	4190
猿	943	2327

从表 1.3-3 又得到两个数字：4190mg/d和2327mg/d。第一个数字4190mg/d说明，有1000万年进化史的猴子的食盐量是充裕的，第二个数字2327mg/d 说明，"裸猿"的体钠处于勉强平衡状态，但仍接近人体最低的食盐需要量（2559mg/d——参阅本章第四节）。

从20万年前~5000年前人类引入食盐为止（人类5000年的食盐史参考自百度百科"食盐"词条），在"裸猿"的食谱中还不懂得添加食盐，但"裸猿"们已经在地球上生存了近20万年，这说明人类每天摄入食盐总量（包括食物含食盐量），按"裸猿"的标准，达到2.5g/d就能满足机体的最低需要。（注：由于人类的固体食物含食盐1g/d，实际满足生理功能只须要添加2.5-1=1.5g/d。）

第四节 从人体功能学分析人体的食盐需要量

以排出量推导成人最低食盐摄入量

细胞外液的钠含量必须保持在135~145mmol/L的范围内，机体内的细胞才能正常生存。而机体对钠是奉行"多吃多排，少吃少排，不吃也排"的原则。因而（对成年人）必然存在"摄入量=排出量"的等式关系。正常情况下是"排出量"跟随"摄入量"。但在探讨"最低摄入量"时，则可以反过来以"最低排出量"来推导出"最低摄入量"。

对成人食盐最低排出量我们在第五章第二节里将有详细的论证，结果是2559mg/d。这一现代成人最低食盐排出量便可以作为现代成人最低食盐摄入量。

以尿液的渗透压推导成人最高食盐摄入量

以尿液的渗透压推导成人最高食盐摄入量指的是在"健康的生活方式"下的成人最高食盐摄入量。为此需要设定如下几个假设：

（1）为保护肾脏和保持血液的清洁度，尿液的渗透压不应高于血液的渗透压（300mmol/L）。（第十章还有详细论证）

（2）按照世界卫生组织专家提倡的"成人每天喝水不应小于2000ml"的建议，连同固体食物含水量1100ml，代谢水300ml每天总摄入水量设定为3400ml。

（3）按我国学者提议的蛋白质推荐摄入量指标为1g/(kg·d)，可以确定一个65kg体重的成年人每日蛋白质摄入量为65g。

（4）成人摄取钾量参照表 2.4-5，是74 mmol/d。

根据以上设定条件，对成人最高食盐摄入量可作如下计算：

设人体摄入总Na的毫克当量为x，参照尿液渗透压公式（公式推导过程参阅第二章第四节），列出如下不等方程式：

｛［蛋白质（g）×5.7+（x+ K）×2］/90%-95｝/（H$_2$O-1.27）＜300

解不等方程，得出结果： x＜71（mmol）

折算为食盐： 71×23/0.4≈4100（mg）

此即可定为成年人最高食盐摄入量（成人食盐的最高补充量则为4.1-1=3.1g/d）。这是在总摄入水量为3.4L时（约相当于喝水2L/d）计算出的结果，如果总摄入水量超过3.4L，成人最高食盐摄入量还可以往上提高（表 1.4-1）。

我们在表2.4-7已经列出了不同水/盐配置下的尿液渗透压，表2.4-7粗折线右（上）侧的水/盐组合可使尿液渗透压小于或等于300mmol/L，属于安全组合。表中得出的水/盐均为人体一天的总摄入量。而表1.4-1则是人体一天的补充量。补充量与总摄入量的粗略换算式如下：

喝水量=总摄水量-1

食盐补充量=食盐总摄入量-1

由表2.4-7查出并经过折算，得出在不同喝水量下的食盐安全补充量如下表：

表 1.4-1不同喝水量下的食盐安全补充量

喝水量（L/d）	2	2.5	3	3.5
最高食盐补充量（g/d）	3	4	8	11

第五节　从脑细胞的活力分析成年人的 食盐需要量

适当过量的食盐摄入量，有可能提高人类大脑细胞的活力水平，这又是我们的一个创造性的猜想。

现代人类智力发展速度惊人

我们首先通过对比，看一看现代人类智力的提速是何等的惊人。

从表 1.5–1 可以看到，现代人的演化只有短短的1万年历史，只是人类演化史的1/20。但就在这1万年里，无论是人口数量的增加，还是人类智力的发展，都大大超过了以往的20万年。也正是在这1万年里，人类才真正成为地球上的霸主。同样是在这1万年内，人类懂得使用火和熟食，同时把谷类食物引入到他们的食谱，并开始种植，逐渐成为主食。食盐也正是在最近的5000年时间里为了应对谷类作为主食而被引入。**这就不能不使人们联想到，人类在最近这1万年内"进化"的提速与食盐的引入不无关系。**

表 1.5–1 生命进化各主要阶段的比较

进化阶段	进化区间	进化年限
生命大分子	45亿年前~35亿年前	7亿年
原核单细胞	35亿年前~20亿年前	15亿年
真核单细胞	20亿年前~10亿年前	10亿年
多细胞	10亿年前~现在	10亿年
哺乳类	6500万年前~现在	6500万年
猿	400万年前~现在	400万年
原始人类	20万年前~现在	20万年
古人类	10万年前~现在	10万年
现代人	1万年前~现在	1万年

（注：整理自表4.1–1。）

猿从树上走到地面后，由于体钠不易达到平衡，致使它们的进化徘徊了400万年；而原始人类及古人类（"裸猿"）的体钠也只达勉强平衡，食盐摄入量（2327mg）与排出量（2559mg）十分接近，他们也艰难地进化了20万年；只有现代人类由于体钠超量平衡，（以中国平均摄入量12g算，比正常的最低需要量多了4倍多）他们的"进化"才达到了空前惊人的高速。

细胞的活动能力与细胞内K^+浓度有关

我们在第四章（专论）的第二节已经初步论证了如下三个猜想：①人体细胞的内外液似乎保留分隔两个"古海洋"的痕迹；②生命大分子的反应需要钾的参与；③细胞内K^+浓度的变化，直接影响到细胞内生命大分子的活跃程度。这3点正是本节内容的论证依据，有兴趣的读者可到第四章浏览，这里不再重复。

我们从人体的体检指标也了解到，细胞外液的Na^+是在135~145 mmol/L范围内变动。也即是说，细胞内外的离子浓度也不是一成不变的，而某些离子浓度的变化也会影响到其他离子作相应的变动。

我们从第四章的第三节的论述也了解到，细胞膜"在安静时只对K^+有通透性，那么在静息时就只有K^+的外移而几乎没有Na^+的内移……"（《人体机能学》[5] P42）。而且由于细胞膜属半透膜，"在半透膜内外的水是可以自由进出的……"（《人类营养学》[4] P246）也就是说，在安静时只有K^+和水是可以自由进出细胞的。而K^+和水能够自由通过细胞膜受渗透压的推动，因而需要先介绍一点有关渗透压的知识。

有关渗透压的一些常识

由于细胞膜具半透膜的属性，细胞溶胶和细胞外液的渗透压是必然相等的。只要一侧渗透压稍有改变，另一侧就会跟随调整，调整的方法是通过K^+和水自由进出细胞膜而导致。

渗透压指的是高浓度溶液所具有的吸引和保留水分子的能力，

其大小与溶液中所含溶质颗粒数目成正比而与溶质的分子量和半径等特性无关。它又是一种压强，在38℃的溶液中，1 mmol/L=2.5kpa（相当于19.3mmHg）。如果在开放状态下，用半透膜把两种渗透压不同的溶液隔开，压强是由低渗区指向高渗区，迫使高渗区液面提高，作为反作用力对抗低渗区形成的压强，这个压强其实是两种溶液的渗透压差。（参阅图1.5-1）

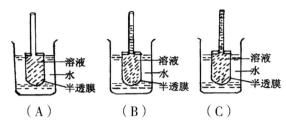

图 1.5-1 渗透现象和渗透压
（A—渗透开始；B—渗透进行；C—渗透平衡。）

当渗透平衡后，玻管内溶液与水面的液位差所形成的压力，即为两种液体之间的渗透压差。

细胞外液的渗透压主要来自于电解质，（又称晶体渗透压）其中Na^+和Cl^-占了80%；细胞溶胶的渗透压主要来自于K^+和有机离子（特别是蛋白质）。

渗透压的单位是这样确定的：1克分子某物质完全溶解在1L水中，含有6.02×10^{23}个分子，可以产生1渗压（单位是mol/L——摩尔浓度），其中1mmol/L =1/1000 mol/L。

适当过量的食盐有可能提高人体细胞的活力

"体液总量约为体重的60%，分布在细胞内的称细胞溶胶，约占体重的40%，分布在细胞外的称细胞外液，约占体重的20%……"（《人体机能学》[5]P278）从而可以计算出一个65kg体重的成年人，细胞溶胶总量为26kg，细胞外液的总量为13kg。（为了计算上的方便，每天摄入3.4L水只作为补充体液的损失，进出相抵，不纳入计算。）又假设这个人每天进食食盐量为8g，（大体按中国南方人均食盐量）连同食物含食盐1g，总摄入食盐量为9g，平均分配早、午、晚餐，每餐各3g。

以早餐为例，3g食盐通过胃肠吸收进入血液，随着血液循环到达细胞间液。随着3g食盐进入体内，在细胞外液离解为Na^+和Cl^-离子，两种离子的毫克离子当量均为3000/58=52mmol。（58是NaCl的分子量）假定对细胞内外液的渗透压不作平衡处理，（只是为了论述上的方便，实际是随时都在平衡）细胞外液的渗透压会提高$52 \times 2/13 = 8$ mmol/L（注：×2是因为NaCl离解为两个离子）。由于细胞对Na^+和Cl^-的限制作用，细胞外过多的Na^+和Cl^-不易进入细胞内。这时，促使细胞外液的K^+进入细胞内，同时使细胞内的水走出细胞外，以使细胞内外液渗透压达致平衡。渗透压平衡后，整个体液（包括细胞溶胶和细胞外液）的渗透压会增加$52 \times 2/(13+26) = 2.67$ mmol/L。其中细胞外液渗透压的增加是由Na^+和Cl^-的增加减去K^+的减少造成，细胞溶胶渗透压的增加则由K^+的增加和水的减少造成。

在细胞内，不管是K^+的增加或是水的减少，均使细胞内K^+和蛋白质的浓度提高。最终的结果是使细胞内的生命大分子反应性增强，细胞的活性提高。只要留在细胞外液里的3g食盐未完全排出体外，这个过程都会延续下去。

3g食盐从进食到完全排出需要4~6h，也就是说，每天约有15h，细胞外液的食盐浓度高于正常值。在这15h里，人体细胞的活性亦高于正常值。60万亿个细胞的活力提高了，这个人的活力就提高了。

有关脑细胞的活力

人在年过35岁以后，每天都要损失1000多个神经细胞，但另有1000个神经细胞会被唤醒，通过复制，接替它们的工作。这1000个新的神经细胞是否能正常工作，视乎它们能否产生足够多的树突（与其他神经细胞联系的端点）。复制临近衰亡的那1000多个神经细胞的状况。

随着人们不断的学习过程，在用的神经细胞也在不断地长出树突，与其他神经细胞发生联系，神经细胞的功能是按树突的数量程指数递增的。实际上每个神经细胞都会发出成千上万条树突与其他神经细胞相联系。树突的多少，显现出脑细胞活力的大小。

当脑细胞外液的食盐浓度处于正常高限时，脑细胞内K^+和蛋白质的浓度就会提高，脑细胞内生命大分子的活性也会加强，产生的树突自然会增多，人们更能够"绞尽脑汁"，各种概念在脑区内更容易复制和迁移，智力有可能因此而发达起来。

从提高脑细胞的活力考虑，每天的食盐量可以增加到4~8g/d，但喝水量应该提高到2.5~3L/d（参阅表1.4-1），这时尿液的渗透压仍然小于300mmol/L。也就是说，在适量增加食盐量的同时，须要增加喝水量，以达到水盐平衡，这方面在第二章有更详细阐述。

第六节 人类食盐量小结

几种食盐量推导方法结果汇总

现把上面几种方法推算出的结果汇集在下表，以作比较。

表 1.6-1 成人食盐总摄入量汇总表（单位：mg/d）

	低限（mg/d）	高限（mg/d）
从婴儿摄入量推导的结果	3575	
从人类祖先摄入量推导的结果	2327	4190
从人体功能学推导的结果	2559	4140
从脑细胞活力分析出的结果	4000～8000	

我们发现，本节从前3个途径推导人体食盐需要量，所得出的结果惊人的相似，都接近2.5~5g/d之间。请读者注意，这里指的是"总摄入量"（其中包含固体食物里的含盐量约1g）。实际每天应补充的食盐量为1.5~4g之间。这是人体功能需要的食盐量，相信大部分专家都会赞成这样的食盐补充量。

以上是在轻、中体力活动和气温适宜的状况下推导出来的成人食盐量。在高温和重体力活动时，人体排汗多的情况下，应适当增加食盐量，每多排1L汗液增加的食盐量可以按下式估算：

$1 \times 25 \times 23/0.4 = 1437.5mg$ ［25 mmol/L——汗液钠的浓度（《人类营养学》[4] P277），0.4——食盐含钠量，23——钠的原子量］

也就是说，在高温和人体排汗多的情况下，食盐量应适当增加1~2g。

每天补充1.5g—4g—8g食盐的意义

这三个数字对人体的健康具有不同的意义，简述如下：

（1）现代人在以谷类为主食的情况下，每天补充1.5g食盐是人体功能最低限的需要，如果长时间每天补充食盐＜1.5g，体钠就会出现负平衡，身体功能将不能维持，甚至会处于濒危状态。

（2）每天补充4g食盐是现代人喝水量在2L/d左右时维持人体健康功能需要量的高限，如果长时间在喝水较少的情况下，每天补充食盐＞4g，人体的功能就会出现不健康的反应，特别是肾及心脑血管系统。

（3）把每天补充食盐量提高到4～8g可以达到提高人体脑细胞活力的作用，但需要把每天的喝水量提高到2.5～3L的水平。因为在提高了食盐量后，只有同时增加喝水量，才能达到既维持人体健康功能又同时提高人体脑细胞活力两全其美的目的。

为什么现代人类如此钟情食盐调味？

1万年前，自从人类引入谷类食物后，由于谷类食物热值高，且种植成本又较低，逐渐成为人类的主食。但又由于谷类食物含钠最低，人类需要补充食盐。补充食盐原先只是为了满足人体功能上的需要。近3000年来，开始时由小部分人饱食逐渐变为近百年来多数人的饱食。饱食趋生美食，美食产生调味，调味需要食盐。于是食盐便由满足人体功能上的需要，变为满足人们口味上的需要。在人类5000年左右的食盐史中，其中近几百年是高盐饮食的历史。于是人类便偏离了人体功能上的需要，开始了"高盐少水"的生活方式，从此人类的健康便走入歧途。

为什么现代人类如此钟情于使用食盐调味呢？这要追索到"毛猿"与"裸猿"的演化历程。（把人类称作"裸猿"是借用《裸猿》的作者莫里斯对人的称谓，为了加以区别，便把猿称作"毛猿"。）

　　"毛猿"是在400万年前，在中非洲大片热带森林尽毁的情况下，由猴下到地面生活演化而来。森林尽毁，剩下的只是低矮的灌木丛。由于没有了丛林的依傍，"毛猿"的食物链便由树上的植食性变为地面的杂食性。

　　"毛猿"一旦离开树林进入平原，植物性食物明显减少时，整个群落就会因体内钠离子负平衡出现严重的健康问题而面临毁灭。在"毛猿"演化的400万年来，不知有多少个猿的群落因离开丛林遭此厄运（直到现在，人们还没有发现草原上的猿群即为旁证）。

　　根据《广州日报》（2013-02-02）的报道，剑桥大学的茱莉亚·李·特普对在非洲乍得湖附近热带草原上生活的南方古猿进行研究，在其骨骼中发现了很高的C_{13}含量，而骨骼较高的C_{13}含量正是食草动物的典型特征。从而说明南方古猿曾经靠吃草生存，由于灵长类的肠胃功能并不能消化吸收草本植物的糖类，我们猜想，南方古猿吃草只是为了补充食盐和其他矿物质的需要，因为植物的叶茎部分是含钠最丰富的（参阅表5.2-1）。

　　由上面的分析可以看到，400万年来离开丛林的"毛猿"是在极其缺乏食盐补充的环境中生存，它们自然对食盐产生异常饥渴的欲望。

　　我们在上面的章节已经推算了在平原生存的"裸猿"的食盐总摄入量是2370mg/d，而它们的食盐消耗量是2470mg/d，摄入量与消耗量可以说是相近的。"裸猿"由于脱掉体毛后，体钠能够处于勉强平衡状态，因而"裸猿"可以生存于地球上的每一个角落里。当植物叶茎类食物增多时，"裸猿"体钠偏向正平衡，而当植物叶茎类食物减少的时候，"裸猿"体钠则偏向负平衡。

　　在一万年前，由于"裸猿"开始懂得用火煮食，谷类便能进入"裸猿"的食物链，因为谷类是含钠最低的食物之一（参阅表5.2-1），"裸猿"们在1万年前～5000年前这5000年的时间里，在引入了谷类食物，但还没有找到食盐这种食物添加剂时，"裸猿"的体钠是经常处于负平衡状态。

由此可知，在"裸猿"的20万年的演化过程中，除了最后5000年找到食盐后，大部分时间体钠都是在正负平衡之间抖动。"裸猿"们对食盐产生如饥似渴的欲望是自然不过的事情。

正是由于人类经历了400万年"毛猿"和20万年"裸猿"的生存阶段，在严重缺乏食盐补充的情况下演化，人类才对食盐产生饥渴的欲望，恐怕这种欲望已经深埋于人类的基因中，现代人类才会如此钟情于食盐调味。

第二章　人体实际需要多少水量？

人一天究竟需要喝多少水？这是专家学者们最感困惑的问题。据说世界卫生组织专家给出了一个低限的指标："健康成年人一天喝水不应小于2L。"高限是多少？最佳喝水量又是多少？就没有多少人进行过深究了。我们在这一章书中提出了："健康成年人一天喝水量不应小于2.5L，最佳是3~4L。"这样的建议肯定会引起巨大的争议。我们提出的喝水量低限与世界卫生组织专家给出的低限指标相近，这方面恐怕没有人置疑。至于我们提出的最佳喝水量为3~4L（比世界卫生组织专家给出的低限指标多出近一倍），则可能会引起众多的反对声音。不过在还没有人深入研究人体最佳喝水量的情况下，我们提出的"最佳喝水量"总可以算是抛砖引玉吧。

第一节　现代人的喝水量堪忧

有人在青年人中作了连续5天的测量，在很轻体力活动的情况下，水的代谢是大致平衡的，见表2.1-1。

表 2.1-1 青年人平均每日水代谢的测定结果

（《人类营养学》[4] P249—表8.4）

摄入水（ml）		排出水(ml)	
固体食物含水	1115	尿液	1295
液体及饮料（喝水量）	1180	粪便水	56
代谢水	279	肺及皮肤蒸发	1214
小计（总摄水量）	2574	小计	2565

　　表 2.1-1测定的青年人的喝水量只有不到1200 ml。摄入水与排出水之间的误差仅为9ml（不到0.4%），说明摄入水与排出水是平衡的。

　　一项针对市民日常饮水量的调查结果显示，中国的北京、上海、广州三大城市只有20.8%的人认为每日应该饮水2L以上，但实际喝水2L以上的人不到18%。表 2.1-2 是调查的详细情况。

表 2.1-2 北京、上海、广州三市的喝水量调查结果

（择录自《广州日报》：2003-04-26）

喝水量	小于1L	1~2L	2L以上
占　比	49.30%	32.80%	17.90%

　　从以上测定和调查的结果看来，现代人的喝水量确实堪忧。下面我们将从3个途径论证现代成年人应该达到的喝水量。

第二节　从婴儿摄水量得到的启发

婴儿的摄水量分析

"婴幼儿按体重算，对水的要求相对比成人高得多（见表 2.2-1）。这是因为水的需要与代谢率有密切的关系，在生长发育阶段，婴幼儿对蛋白质及热量的需求远高于成人，故对水分的需要相对地高。"（《人类营养学》[4] P257）

表 2.2-1　婴幼儿及成人每天每kg体重水分需要量

（《人类营养学》[4] P258）

类别	水分需要量 [ml/（kg·d）]	（均值） [ml/（kg·d）]	总 量 （ml/d）
婴儿	100～165	（133）	330～1000
儿童	45～100	（73）	1000～1800
成人	30～45	（38）	1800～2500

（注：均值是笔者加上去的，是水分需要量高低限的平均值。）

由上表的数据可以得知，按每kg体重每日水分需要量计算，婴儿水分需要量是成人的133/38=3.5倍，儿童水分需要量也有成人的73/38≈2倍。

这是两个十分吓人的数字（3.5倍和2倍），成年人如果按婴儿对水的需要量补充水，每天要补充7600 ml/d（133×65－1000）。恐怕当今的营养学家对婴儿对水的需求量如此之大，还未能作出合理的解析。他们在处理成人的不少营养素方面，都习惯以婴儿的需求量为依据进行推理。唯独对于水这种数量最大的营养素却望而却步。因为从这个方向推导出来的结论，与人们在"高盐少水"的生活习惯下的实际喝水量相比较，实在是相差太远了。

究竟是婴儿的喝水量出错了，还是现代成年人的喝水习惯出错了呢？当然是现代人的喝水习惯出错了。**婴儿的喝水量是经历了几百万年乃至几千万年残酷的自然选择进化的结果，而现代人的喝水习惯，恐怕是人类把食盐引入到他们的食谱以后，且进入饱食阶段才逐渐形成的，带有人为的意识。这一个阶段仅仅只有几千年的历史。与母乳经历几千万年残酷的自然选择进化的结果相比，真是小巫见大巫。**

以上仅仅从婴儿的唯一食物——母乳计算出婴儿的总摄入水量，还未考虑现代人有对婴儿额外补充水的情况（实际上全母乳喂养无须额外补充水）。给婴儿额外补充水，恐怕对猴、猿乃至古人类来说，在他们还不懂得使用盛水工具的情况下，是不可能做到的。婴儿仅仅从母乳中摄取水分，而且需要水量之多，同样也是自然选择的结果。

婴儿之所以需要如此之多的水量，恐怕与婴儿期的快速生长有关。

与婴儿不同，成年人从固体食物中获得的水分，只占少部分（约为1000ml），因而必须另外喝水。由于我们还没有找到确实的依据，所以我们也不敢按7600ml/天来确定成年人的喝水量，不过可以给人们一个启示：健康人对水的承受力是很强的。

婴儿对水分需要量存在生长需要与维持需要之分

0~6个月大的婴儿由于处于快速生长阶段，WHO（世界卫生组织）分别对0~1月龄、1~3月龄、3~6月龄的婴儿对氨基酸的需要量区分为生长需要和维持需要（《人类营养学》[4]P368~369中的表14.7~14.9）。我们把这3个表的各种氨基酸的合计数汇总为表2.2-2。

表 2.2-2 婴儿对氨基酸需要量分析（mg/d）

（汇总自《人类营养学》[4] P368～369）

	生长需要	维持需要	总计
0~1月龄	3600	2755	6355
1~3月龄	2679	3478	6157
3~6月龄	1890	4500	6390
加权平均	2438	3868	6306
占比（约）	40%	60%	100%

从表2.2-2得出婴儿对氨基酸的"生长需要量"和"维持需要量"占比分别是40%和60%。

既然氨基酸这种营养素在婴儿的体内存在"生长需要量"与"维持需要量"之分，我们猜想，在婴儿体内最大的营养素——水也可以划分为"生长需要量"和"维持需要量"。它们的占比假设与氨基酸相同。表2.2-3是按这一猜想，把婴儿对水分的需要量划分为"生长需要量"和"维持需要量"：

表 2.2-3 婴儿对水分需要量分析

	生长需要	维持需要	总需要
ml/（kg·d）	53	80	133
%	40	60	100

由婴儿的摄水量推导成年人对水的需要量

表2.2-3是婴儿对水分需要量的划分，得出三组数字。如果利用这三组数字推算成年人对水的需要量，只有"维持需要量"这组数字对成年人是有作用的（因为成人几乎已无生长需要）。由婴儿对水分的"维持需要量"计算出成人（体重65kg算）对水的需要量如下式：

80 ml/（kg·d）×65 kg=5200 ml/d

上式的值减去成人从固体食物中获得的水分（1000 ml），就可以得出成人每天的喝水量为：

5200-1000=4200（ml/d）

第三节　猴的摄水量是多少

因为人类祖先生活在树上时的族群比较稳定，食物链也相对固定，容易计算出它们的摄水量，且准确度也较高，所以选择猴子作为计算目标，用以推导人类的摄水量，较为可靠。

表 2.3-1 人类树上祖先从食物中获得的水量

	热量占比（%）	总热（Kcal）	质量（g）	含水（ml）
坚果类	10	120	33	8
蛋类	10	120	90	66
鲜豆类	10	120	231	190
瓜类	10	120	688	647
果类	25	300	658	613
根茎类	10	120	278	236
叶菜类	25	300	1750	1628
合计	100	1200	3728	3388

（注：食物的热量及含水量数据来源于《食物成分表》[7]。）

表 2.3-1的食物含水量是参照表1.3-1猴的食谱中的食物含水量进行计算得出。猴从表 2.3-1的固体食物中获得3388ml水分，另外，猴子还有吸食植物浆液的习惯，且它们还要喝水（吸食浆液和喝水合计设定为1200 ml），同时食物在体内代谢还要产生300 ml的代谢水。连同从食物中获得的水分，合起来的总摄入水量就是3388+300+1200=4888 ml/d，取整为5000 ml/d。

这个估计数量应算合理，因为猴子还不懂得补充食盐，它们的体钠完全由食物获得。从人类树上祖先的摄水量推算出现代人的喝水量应该是5000−1000=4000ml /d。

第四节　从人体尿液渗透压计算人体需水量

关于肾溶质负荷

何谓"肾溶质负荷"？何志谦在《人类营养学》关于婴儿人工喂养的配方食品方面有如下两段陈述：

"配方的肾溶质负荷是一个重要的方面，摄入食物蛋白的氮之后，那些不被利用部分以尿素形式从尿中排出，尿素及钠、氯、钾等电解质代谢产物构成了肾溶质负荷，它们在肾脏内与水一起排出体外。由于婴儿的肾功能仍未完全成熟，故一些婴儿会因为不适当的配方食物引起高张失水，婴儿对浓缩尿的能力也低。如果喂以肾溶质负荷高的配方乳，或限制了他的饮水量，或有腹泻以致失水的患儿，或在高温的环境条件之下等，都不能将液体保持，以致引起失水及其有关的问题。"（《人类营养学》[4] P372）

"Ziegler及Fomen作出一个测定肾溶质负荷的公式，即每1g的蛋白质产生4mmol/L，而1mmol（毫克当量）的钠、钾、氯能构成1mmol/L的肾溶质负荷。人乳的肾溶质负荷为80mmol/L，其中钠、钾、氯大致不超过50mmol/L。"（《人类营养学》[4] P372）

由此可见，人们对控制婴儿配方食物的肾溶质负荷要求很高，主要的目的是避免婴儿的肾脏因尿液出现过高的高渗性而受到损害。控制婴儿配方食物的肾溶质负荷是作为事前管理，真正影响肾功能的则是尿液的渗透压。

尿液渗透压的经验公式

一般情况下，渗透压是通过仪器进行测量的。在这里，我们参照人们计算婴儿配方食物的肾溶质负荷的思路，通过对食物成分中的蛋白质、电解质和水简化得出尿液渗透压的经验公式，这大概也是我们的一个独创吧。

对成人来说，由于没有生长上的需要（或可以忽略），进入体内的各种溶质和水分存在经肾排泄和非肾排泄两种情况。只有经肾排泄的溶质和水分才使尿液形成渗透压。所以在计算中需要把非肾排泄的溶质和水分剔出来。

从表2.1–1得知，非肾排泄的水分为1270ml。非肾排泄的所有水分含Na$^+$量也按汗液含Na$^+$25mmol/L设定。非肾排泄的水分除含Na$^+$阳离子外，还含有其他的阳离子（如K$^+$、Mg$^+$、NH$_4^+$等）。现设定其他的阳离子含量为Na$^+$阳离子的50%（12.5mmol/L）。伴随非肾排泄出体外的还有等量的阴离子（×2），因而成年人非肾排泄出体外的总的溶质应为：

（25+12.5）×2×1.27=95 mmol

（注：25——汗液的Na$^+$离子浓度，可比尿液高一倍。）

下面是按肾溶质负荷的思路得出的成人尿液渗透压的经验公式：

尿液渗透压＝{［（CN$_2$H$_4$O）＋（Na＋K）×2］/90%–95}/（H$_2$O–1.27）

（CN$_2$H$_4$O）——尿素（mmol）。

Na、K——钠、钾（mmol）。

×2——与钠、钾等量的阴离子。

H$_2$O——总摄入水量（L）。

90%——假设尿素、钠、钾等仅占全部阳离子溶质的90%。

95——非肾排泄出体外溶质（mmol）。

1.27——非肾排泄的水量。

为了简化，下面把尿素转换为摄入的蛋白质。

由于1个尿素含2个N，N的原子量为14，而蛋白质含N16%，因而得出蛋白质（g）与尿素（mmol）的折算关系式为：

1g蛋白质=（1000mg×16%）/（14×2）=5.7（mmol）尿素。

于是成年人尿液渗透压的经验公式可以作如下的转换：

尿液渗透压={［蛋白质（g）×5.7+（Na+ K）×2］/90%-95}/（H$_2$O-1.27）

（注：Na、K的单位是mmol，H$_2$O的单位是L。）

全母乳喂养婴儿的尿液渗透压

人乳中与肾溶质负荷有关的组分列于表2.4-1。

表2.4-2是0~6个月大婴儿有关肾溶质负荷组分的摄入量分析数据。

表2.4-1 人乳中与肾溶质负荷有关的组分

成分	数量
水（ml/L）	870
蛋白质（g/L）	11
钠（mmol/L）	7
钾（mmol/L）	13

［数据来自（《人类营养学》）[4] P359）］

表2.4-2 0~6个月大婴儿有关肾溶质负荷组分摄入量分析

日均吸乳量（ml/d）	日均摄水量（ml/d）	日均蛋白质摄入量（g/d）	日均钠摄入量（mmol/d）	日均钾摄入量（mmol/d）	平均体重（kg）
800	700	8.8	5.6	10.4	6.2

（注：日均吸乳量摘自表1.2-1，其他由表2.4-1数据×0.8得到。）

婴儿的体重由于只是成人的6.2/65=9.5%，如下两个数字应作出调整：①非肾排泄的水分为1270ml×9.5%＝120ml；②非肾排泄出体外的总的溶质95×9.5%＝9mmol。于是得出婴儿的尿液渗透压（经验）计算公式如下：

尿液渗透压＝｛［蛋白质（g）×5.7+（Na+ K）×2］/90%–9｝/（H_2O–0.12）

以表2.4-2影响肾溶质负荷的数据代入婴儿尿液渗透压公式计算出婴儿的尿液渗透压为：

尿液渗透压＝｛［8.8×5.7+（5.6+ 10.4）×2］/90%–9｝/（ 0.7–0.12）＝142 mmol/L

这里存在如下误差：①忽略了婴儿快速生长对营养物质的需要使尿液排出的溶质相对减少，造成计算结果会略高于实际（正偏差）；②婴儿的每kg体重的不显性失水大于成人，造成计算结果会略低于实际（负偏差）。

人类树上祖先的尿液渗透压

表 2.4-3猴食物中与肾溶质负荷有关的组分

	总热（kcal/d）	质量（g/d）	蛋白质（g/d）	含钠（mg/d）	含钾（mg/d）
坚果类	120	33	5.3	19	101
蛋类	120	90	11	81	79
鲜豆类	120	231	15	11	431
瓜类	120	688	4	48	619
果类	300	658	5	14	908
根茎类	120	278	4	83	524
树叶类	300	1750	31	1420	2773
合计	1200	3728	75.3	1676	5435

（注：表 2.4-3 的基础数据来源于第一章第三节表1.3-1，食物各营养成分的数据来源于《食物成分表》[7]。）

表 2.4-4 上表相关数据的汇总及折算

成分	数量
水（ml/d）	5000
蛋白质（g/d）	75.3
钠（mmol/d）	72.9
钾（mmol/d）	139.4

（注：①72.9=1676/23；②139.4=5435/39；③23和39分别是钠、钾的原子量。）

把表2.4-4的数据代入尿液渗透压公式，计算出人类祖先生活在树上时的尿液渗透压为：

尿液渗透压=｛[75.3×5.7+（72.9+139.4）×2]/90%–95｝/（5–1.27）=229(mmol/L)

现代人的尿液渗透压

由于人体摄入的钾主要从食物中获得，现参照表 5.2-2 现代人的食谱，计算人体每天摄入钾的量。（表2.4-5）

表 2.4-5 现代人类从食物中获得钾量

营养素	数量（g/d）	总热量（kcal/d）	含钾（mg/100g）	总钾（mg/d）
油	25	200	3	0.75
奶	100	55	55	55
豆	50	180	1530	751.5
肉	50	180	232	116
鱼	50	60	267	133.5
蛋	50	80	111	55.5
菜	400	80	197	788
果	200	80	172	344
谷	300	1080	210	630
合计		1995		2874.25

［注：①表 2.4-5根据1998年由中国营养学会起草中华人民共和国卫生部批准的《中国居民膳食指南》及《中国居民膳食宝塔》提出的膳食营养素参考

摄入量整理而成；（资料来自《食物成分表》[7]；②表中食物营养素含量的数据来源于《食物成分表》[7]；③表中每一类别抽选了人类常吃的5个品种的平均数得出。）

由于钾的原子量是39。把2874.25mg钾折算为毫克当量是：

2874.25/39=74 mmol

表 2.4−6 现代人食物中与肾溶质负荷有关的组分

成分	数量
水（总摄水量）（ml/d）	2500
蛋白质（g/d）	65
钠（mmol/d）	190
钾（mmol/d）	74

表 2.4−6 的说明：

（1）摄水量参照表 2.1−1。

（2）蛋白质按每kg体重1g计算。

（3）钠按每天总摄入食盐11g（中国人的平均数，包括固体食物含食盐1g）计算。

（4）摄取钾量可从表 2.4−5 的食谱含钾量计算出来，得出的结果是74 mmol/d。

把表2.4−6有关数据代入尿液渗透压公式便可计算出现代人的尿液渗透压为：

尿液渗透压=$\{[65 \times 5.7+（190+74）\times 2]/90\%-95\}/（2.5-1.27）$

$\qquad$=734(mmol/L)

成年人不同水/盐配置下的尿液渗透压

下面我们把现代人食物中与肾溶质负荷有关的组分［蛋白质（65g）和钾（74mmol）］的摄入量固定下来，计算出在不同的摄水量和食盐的摄入量的情况下尿液的渗透压数据（表2.4−7）：

尿液渗透压=$\{[65 \times 5.7+（74+钠）\times 2]/90\%-95\}/（水-1.27）$

其中食盐量要作如下转换：

钠（mmol）=食盐（g）×1000×0.4/23

（注：0.4——食盐中钠含量，23——钠的原子量。）

表 2.4-7 成年人不同水/盐配置下尿液的渗透压(mmol/L)

盐（g） ＼ 水（L）	2.5	3	3.5	4	4.5	5
2.5（43mmol）	443	289	251	206	175	152
3（52mmol）	458	298	259	213	181	157
3.5（61mmol）	474	342	268	220	187	162
4（70mmol）	488	353	276	227	192	167
4.5（78mmol）	503	363	284	234	198	172
5（87mmol）	518	374	293	241	204	177
6（104mmol）	548	396	309	254	216	187
7（122mmol）	577	417	326	268	227	197
8（139mmol）	607	438	343	281	239	208
9（157mmol）	637	460	360	296	251	218
10（174mmol）	667	482	377	310	263	228
11（191mmol）	697	503	394	324	275	238
12（209mmol）	765	524	410	377	286	248

（注：水和盐均为人体一天的总摄入量，包括固体食物的水、盐含量，实际喝水量为表中数据-1L，实际吃盐量为表中数据-1g。）

由表2.4-7我们可以得到如下的启示：

1. 在一定的食盐摄入量下，喝水越多，尿液的渗透压就越低。

2. 在一定的水摄入量下，食盐越多，尿液的渗透压就越高。

3. 食盐多的人，只要增加喝水量，就可以降低食盐对心脑血管及肾脏的毒性（这方面在下一篇详述）。

4. 表2.4-7粗折线右（上）侧的水-盐组合是安全组合。

5. 从表2.4-7可以看出，只要喝水2.5L/d，补充食盐由1.5～5g/d都是安全的。由此我们把成人最小喝水量定为2.5 L/d。

6. 只要总摄入水量达到5 L/d（喝水量为4 L/d），即使总摄入食盐量达到12g/d（食盐进食量是11g/d），对肾脏也会是安全的。由此我们把成人最佳喝水量定为3～4 L/d。

当然，人体尿液渗透压的大小也会受到食物摄入品种和数量的影响（特别是蛋白质），摄入肉食越多，尿液渗透压也越高。

尿液渗透压指标及喝水量

关于是否需要制定成人尿液渗透压指标，这也是医学界颇具争议的问题。由于成年人肾对尿液的浓缩能力强大（尿液的渗透压可在50～1400mmol/L波动），而没有注意认真研究成年人的尿液渗透压指标。而对婴儿则另作别论，由于婴儿肾发育还不成熟，对配方乳的肾溶质负荷则有严格的要求。

似乎现代人的思维进入了一个怪圈，婴儿的肾发育还不成熟需要保护，成人的肾脏则可以任意糟蹋，因而没有注意增加喝水量来降低摄入食物的肾溶质负荷对肾脏的毒性。

由此我们建议，为了保护成年人的肾脏和保持成年人血液的清洁度，应该对成年人的尿液渗透压制定一个指标：

表 2.4-8 尿液渗透压指标（mmol/L）

	尿液渗透压
低限	150
最佳值	200
高限	300

下面以尿液渗透压推算摄水量和喝水量［以食盐摄入量为6g（含钠104mmol）计算］

尿液渗透压＝｛［65×5.7+（74+104）×2］/90%-95｝/（水-1.27）

（注：104——钠的mmol；74——钾的mmol；65——蛋白质；尿液渗透压分别代入150、200、300，算出总摄入水量如下表。）

表 2.4-9 各种尿液渗透压下的摄水量和喝水量

	（mmol/L）	摄水量（L/d）	喝水量（L/d）
尿液渗透压	150	6	5
	200	4.8	3.8
	300	3.6	2.6

人体的60万亿个细胞绝大部分都生活在300 mmol/L的体液环境下。如果尿液渗透压超过300 mmol/L，肾脏里的不少细胞就会生存在高于300 mmol/L的渗透压的环境。因而从人体尿液渗透压方向计算出来的现代人，在食盐摄入量为6g/d（补充量为5g/d）的情况下，喝水量应不少于2.5L/d，最好是3~4L/d，高限是5L/d。如果补充食盐量小于5g/d，最佳喝水量可以下调。

喝水量汇总分析

表 2.4-10 是从三个方向推理结果的汇总表。

表 2.4-10 三种推理得出的现代人的喝水量

	成年人的喝水量
从婴儿摄水量推算（L/d）	4
从猴子摄水量推算（L/d）	4
从尿液渗透压推算（L/d）	2.5~5

我们的主张是：每天喝水量应不少于2.5L/d，最好是3~4L/d。

第五节 人体摄入水盐汇总分析

表 2.5-1 成年人水和盐需要量汇总分析

	总摄入量		补充量	
	低限	高限	低限	高限
水（L/d）	3.5	5	2.5	4
食盐（g/d）	2.5	6	1.5	5

有人可能会担心，不同的水/盐配比会不会影响体钠的平衡呢？我们分别以最低食盐（1.5 g/d）和最高水（4 L/d）补充量及最高食盐（5 g/d）和最低水（2.5 L/d）补充量从表2.4-7查找尿液的渗透压如下表：

表 2.5-2 摄入极限盐-水时的尿液渗透压

水（L/d）	食盐（g/d）	尿液渗透压（mmol/L）
4（最高补充）	1.5（最低补充）	152
2.5（最低补充）	5（最高补充）	309

得出的尿液渗透压都在人体肾的安全调节范围以内，所以不会影响人体内钠的平衡。

第三章 "少盐多水"能降低人体能量消耗

第一节 一定是水-盐的配置在作怪

"少盐多水"空调温度也能调高2℃

主笔和主笔的妻子都实行"少盐多水"的生活方式（每天补充2.5～5g/d食盐和3～4L/d水）。我作了一个小统计，在2012年前，在家吃饭的人数是2.3人（小儿子只有1/3时间在家吃饭），消耗500g食盐用了3个月，因而计算出人均每天的食盐量=500/3/2.3/30=2.4g/d，由于我们用酱油较少，酱油部分可与倒掉的剩汁剩菜相抵。加上每月数次在外面就餐，我们每人每天的食盐量大概可以确定为3g/d左右，从2009年开始，我们的喝水量已变为3～4L/d。我们实行的是典型的"少盐多水"生活方式。

在广州的夏天，经常会出现1～2周连续31℃～32℃的室温天气。在这样的室温里，我们都习惯在晚上睡觉时把空调温度调节到29℃。（近些年来，我们已惯于在夏天按照比室温低2℃～3℃的温度调节空调。）不少人对我们这样的空调温度调节感到惊奇和不可思议，不时会有人问："这样调节空调温度能睡好觉吗？"不过我们都已习以为常。

有一天却出现了反常，仍然是31℃~32℃的室温天气，空调温度仍然调节到29℃，但我俩却感到闷热难耐，难于入睡。后来我把空调温度调至27℃，才像往常一样睡上一个好觉。不过隔了一天后，我们仍能在29℃的空调温度下安睡。

对这么特别的一天，我们作了深入的探究，结果很有可能是那一天的晚餐我们到了一个从北方来广州工作的朋友家作客，对于我们来说，他家做的菜特别咸，我们在那一餐吃的食盐量恐怕等于我们平时一天多的食盐分量（3~4g）。很可能正是由于那天晚餐我们吃的盐多，体钠突然偏高，热量消耗就增加，散热自然也多，因而需要调低空调才能使身体在舒适的状态下达到体温平衡，像这一天的情况，后来我们也遇到过多次。

从我们的实践经验看来，只要实行"少盐多水"的生活方式，夏天睡觉时的空调温度也能调高2℃。

为何东北人食盐冠全国

根据各地的调查显示，2005年全国吃盐最多的仍然是保持了多年全国最"咸"的东北人，人均一天要吃18g盐，北京人平均每天的食盐量是12.4g/d，上海是12~13g/d，广东最少，人均每天为8g/d（参阅表1.1-1）。

从上面的数据我们可以看到，全国的人均食盐情况由南到北逐步递增，而全年平均气温则是由南到北逐步下降。从这一增一降，我们有理由作出如下的猜想：**食盐似乎有御寒的作用。人均食盐冠全国的东北是最冷的地区，而人均食盐最少的广东则是最热的省份。**

东北人在冬天高寒的季节，为了御寒需要增加向外的散热量，因而就需要动员体内60万亿个细胞提高产热量。实行"高盐少水"的生活方式，正可以使人体能量消耗增加，细胞的产热量就增加。而人体内所有的能量消耗，最终都会演变为热量散发出体外，正好起到御寒的作用。这很可能正是东北人食盐冠全国的原因。

主笔本人的一个实践

在2005年，我开始探索"限食与健康"的问题。通过个人的实践，我已经成功地由日消耗热量2000kcal/d下降为1600kcal/d。只要每天平均食物量超过1600kcal/d，不出一个星期，我的体重就会增加。从2005~2008年，我平均每天的食物量均控制在1600kcal/d左右（不是每天控制，而是每周按平均量控制）。对这一次通过"限食"使摄入热量减少，我并不感到惊奇，因为已经有太多的学者研究过"限食可以降低热量消耗"这一课题。关于"限食与健康"的问题，我们将在《健康新思维（二）》详细论述。

从2009年开始，主笔对人类的喝水量和食盐量作了全面的探讨，得出"成人每天的喝水量不应低于2.5L/d，最好是3~4L/d；及成人每天的食盐量应降为2.5~4g/d"的结论。我本人首先进行实践，由原来喝水量2.5L/d，用了3个月时间逐步增加到4L/d。坚持了1年，1年后又把喝水量调降为3~4L/d。由于有了主笔本人的实践，对本《健康新思维（一）》提出的喝水量"最好是3~4L/d"的结论，我们就放心多了。

从这一年开始，出现了使我感到十分吃惊的事情：**喝水居然真能"长肉"**。

开始时，我并不在意，仍按1600kcal/d的热量摄取食物，当饮水量增加为超过3L/d以后，体重居然上涨，一个月时间即增重1kg，我急忙下调每天摄取的热量，直到降至1200kcal/d，才使体重重新处于新的平衡状态。

从2009年开始，我感觉最大的改变就是，每天的食物量必须减少，体重才能得以平衡。减少的数量约为20%（400kcal/d），也就是需要由原来的1600kcal/d减少为1200kcal/d。如果在一个月内，平均每天的食物量超过1200kcal/d，体重就会增加；低于1200kcal/d，体重就会下降。（我控制的BMI=23.5±0.5）表 3.1-1 是我某一周的食谱。表 3.1-2 是食物按大类汇编的热值。我是以食物大类的热值粗略计算我每天摄取的热量值的。

有关表 3.1-1的说明：

（1）我属轻体力、中度脑力劳动长者（我至今仍未退休，且每天还要用3h的业余时间进行写作）。

（2）我吃早餐是社交应酬的需要，读者可能会觉得我的"不吃早餐，饱一顿，饿一顿"的饮食习惯有违专家学者的建议，其实是我的健康饮食方法之一，这方面我将会在《健康新思维（二）》详细加以论证。

从2009年开始直到现在，我都能按照1200 kcal/d摄入热量，而BMI仍能保持在23.5 ± 0.5范围。（注：体质指数BMI=体重/身高^2）

在这一年开始，我的进食量又减少了20%，恐怕应归功于喝水量的增加。下面我们将从4个方面论证："少盐多水"是如何减少人体的能量消耗的。

表 3.1-1 作者主笔某一周的食谱

		食谱（g）	热值（kcal）
周一	早餐	谷类（50）畜肉（50）油脂（10）	350
	午餐	麦片（30）糖（20）水果（250）	340
	晚餐	杂粮（50）大豆（50）叶菜（250）油脂（20）	560
	合计		1250
周二	午餐	鱼（500）叶菜（250）油脂（30）	660
	晚餐	杂粮（50）大豆（50）瓜（250）油脂（20）	570
	合计		1210
周三	午餐	麦片（30）糖（20）水果（250）	340
	晚餐	禽肉（100）畜肉（100）鱼虾（250）软体（200）	960
		叶菜（250）油脂（40）	
	合计		1300
周四	午餐	麦片（30）糖（20）水果（100）	280
	晚餐	杂粮（50）大豆（50）瓜（100）油脂（20）	540
	合计		820

（续表）

		食谱（g）	热值 （kcal）
周五	午餐	杂粮（50）大豆（50）叶菜（250）油脂（20）	560
	晚餐	禽肉（100）鱼虾（250）谷类（50）油脂（20）	690
	合计		1250
周六	早餐	谷类（50）畜肉（50）油脂（10）	350
	午餐	薯类（250）	110
	晚餐	禽肉（100）鱼虾（250）谷类（50）油脂（20）	690
	合计		1150
周日	午餐	鱼（500）叶菜（250）油脂（30）	660
	晚餐	杂粮（50）大豆（50）	340
	合计		1000

表 3.1-2 食物按大类划分的热值

（数据参考自《食物成分表》[7]）

营养素	可食部分 （％）	热值 （kcal/100g）
软体动物	45	68
畜肉类	100	160
禽肉类	100	163
鱼虾类	70	99
蛋类	88	168
坚果类	45	458
根茎类	86	44
瓜类	88	22
水果类	80	57
叶菜类	85	20
干豆类	100	350
薯类	86	50
杂粮	100	330

（续表）

营养素	可食部分 （％）	热值 （kcal/100g）
谷类	100	350
油脂	100	900
糖	100	400

（注：计算举例，500g鱼的热量=5×70%×99=347kcal。）

第二节　水－盐影响营养物质
进入细胞内的数量

　　细胞是生命的最小单位，人的生命活动由60万亿个细胞的生命活动组成。细胞也是能量消耗的最小单位，人体的能量消耗也是60万亿个细胞的能量消耗的总和。

　　饮水量增加后，是怎样使各种营养物质进入细胞的数量降低的呢？我们从下面几个方面来分析。

细胞外液被稀释，葡萄糖浓度减小

　　如果总饮水量增加为4L/d，特别是每天实行一次"早上空腹时在0.5～1h内分2～4次喝完1L水的'牛饮'"，细胞外液（包括血液和细胞间液）里所有物质都被稀释了，葡萄糖也不例外。人体血液里的葡萄糖含量因有调节血糖激素（包括降血糖激素和升血糖激素）的调节作用而控制在4～6.5mmol/L的范围。但激素对血糖的调节作用约有1h的滞后时间，且需要血糖降到低限的阈值才会发挥作用。而喝水对血糖的调节几乎是即时的（约10min）。

　　假设"牛饮"前血液中血糖为5mmol/L，在"牛饮"期间，血液容量增加3%，近似于血糖的含量减少了3%。血液中血糖的含量即由5mmol/L降为4.85mmol/L，很可能还没有达到引起激素调节的血糖低限阈值，这时细胞外液中葡萄糖的浓度会因喝水量的增加而停留在一个较低的水平。如果一天的总饮水量为4L/d，整天的血液容量都会有所增加。

血液中的葡萄糖浓度降低了（但仍在正常的血糖范围），进入细胞内的葡萄糖自然要减少。从而减少了细胞的能量消耗。

Na^+的浓度梯度变小，运输动力降低

"由于Na^+倾向于顺其电化学梯度进入细胞，葡萄糖或氨基酸总是被一同'带'进去。……Na^+梯度越大，葡萄糖或氨基酸的运入速率也越大。"（《细胞生物学》[8]P62）他说的是葡萄糖或氨基酸由细胞外运入细胞内的运输动力问题。

饮水量增加后，整个体液的Na^+浓度都会被稀释了。不过由于细胞内的K^+通过外移到细胞外参与了细胞内外的渗透压平衡，细胞外水分增加的占比大于细胞内，细胞外Na^+浓度的下降较细胞内为大（参阅第四章）。

由于细胞外与细胞内的Na^+浓度梯度变小，葡萄糖由细胞外运入细胞内的运输动力就会变小，运输速率也会随之下降。因而细胞的能量消耗跟随减少。

运输距离延长，线粒体的"发电量"下降

总饮水量增加以后，整个体液都会增加，无论在细胞外还是细胞内，体积都会增加。也就是说，葡萄糖、氨基酸等营养物质的运输路径：血液"细胞间液""细胞溶胶"线粒体，都比原来延长了。在运输距离延长的情况下，即使在运输动力不变的情况下，营养物质的运输量也会自然下降。从而减少了细胞的能量消耗。

细胞内的线粒体被称为细胞的"发电厂"，大部分营养物质都须要在线粒体内转换成能被细胞利用的能源分子（ATP）才能为细胞所利用。由于增加饮水量的原因，细胞内的所有物质也同样被

稀释了，包括进入细胞内的葡萄糖、氨基酸以及运载葡萄糖的工具tRNA等。

　　总的效果是，进入线粒体的各种营养物质减少了，线粒体的"发电量"自然下降了，（ATP）在细胞内的浓度也就减少了，从而降低了细胞的能量消耗。

给细胞一个节能的警示

　　综上所述，其他的营养物质要进入细胞内，同样会受到以上几种情况变化的限制。这些限制本身就使细胞的能量消耗降低。更重要的是，它给了细胞这样一个最小的生命体一个节能的警示。在这个警示下，细胞起动了"节能降耗"的本能机制。细胞内的各种运营自会放慢速度，细胞的能量消耗因此而会降了下来。

第三节　水－盐配置影响 Na^+－K^+ 泵的负荷

Na^+－K^+ 泵是细胞的"耗能大户"

　　Na^+－K^+泵又称钠泵（图 3.3-1），"钠泵就是一种被称为Na^+－K^+依赖式ATP酶的蛋白质。""可以分解ATP使之释放能量并能利用此能量进行Na^+、 K^+的主动转运。""钠泵广泛存在于各种细胞膜上，据估计，一般细胞把它代谢所获得能量的20%~30%用于钠泵的转运。"（《人体机能学》[5]P37）"肌细胞内多至1/3的休息能量直接用于钠泵。"《人类营养学》[4]P248）可见Na^+－K^+泵是细胞的"耗能大户"。

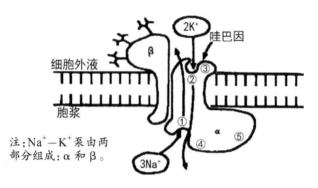

注：Na^+-K^+泵由两部分组成：α 和 β。

图 3.3-1 Na^+-K^+泵示意图

（《人体生理学》[5] P14）

关于Na^+的"静息电流"

对Na^+的"静息电流"樊小力在《人体机能学》有如下的评说："如果（细胞）膜在安静时只对K^+有通透性，那么在静息时就只有K^+的外移而几乎没有Na^+的内移。"（《人体机能学》[5] P42）我们注意到，樊小力在这里用了"几乎"的字眼，也就是说，不是绝对的没有Na^+的内移。其实，"安静状态下质膜对离子通透性不同，对K^+的通透性相对较大，是对Na^+的通透性的20~100倍。"（《人体结构与功能》[9] P45）换句话说，在静息时Na^+的内移量是K^+的外移量的1/100~1/20。

从电子学原理来说，一个细胞相当于一个数字电子原件。生物学上的"全或无"（图3.3-3），对应于电子学上的"导通与截止"（图3.3-2）。

电子学上的"截止"，并不是绝对的截止，只是截止电流比导通电流小得多（图3.3-2）。生物学上的"无"，也并不是绝对的无，只是在静息时Na^+的内移比兴奋时Na^+的内移小得多（图3.3-3）。与电子学上的"截止电流"相对应，细胞在静息时也有Na^+的"静息电流"（相当于Na^+在静息时的内流量）。

Na⁺的"静息电流"与Na⁺在细胞外与细胞内的浓度梯度成正相关。而Na⁺在细胞内的浓度较为稳定，因而Na⁺的"静息电流"便与Na⁺在细胞外的浓度直接正相关。也就是说，细胞外Na⁺的浓度越高，Na⁺的内流量就越大。反之亦然。

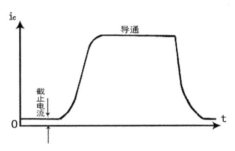

图3.3-2 数字电子电路的电流图

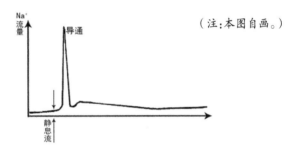

（注:本图自画。）

图 3.3-3细胞受刺激时钠通道的离子流

（《人体生理学》[5] P21）

"少盐多水"降低了Na⁺－K⁺泵静息时的负荷

"细胞内Na⁺的浓度增加及细胞外K⁺的浓度增加都十分微小，但这种微小的变化，也足以激活细胞膜上的钠泵，使它加速运转，逆着浓度差将细胞内多余的Na⁺运至细胞外，将细胞外多余的K⁺运入细胞内，从而使细胞膜内外的离子分布恢复到原先的静息水平。"（《人体机能学》[5] P43）由此可以说，静息时Na⁺的内流量，就构成静息时的钠泵负荷。

现以我们提出的"少盐（总摄入食盐5g/d）多水（总摄入水4L/d）"配置一天的饮食进行计算。假设5g食盐平均分3餐，每餐食盐量为1.667g，餐前后喝水量为0.5L，连同当餐的食物水和代谢水0.46L，餐前后及餐中总摄入水0.96L。细胞外液增加的水量为：

0.96L/39L × 13L=0.32L（39——体液总量，13L——细胞外液量。）

计算的结果是，细胞外液的Na^+浓度变为：

［140 × 13+1667 × 0.4/23］/（13+0.32）=138.8 mmol/L

（0.4——食盐钠含量，23——钠的原子量。）

低于体内Na^+浓度的平衡点140 mmol/L。

综合上面分析，只要增大喝水量，减少食盐量，就可以使细胞外液的Na^+浓度处于较低的水平，人体在安静时钠泵的负荷就会减轻，人体的能量消耗就会下降。

第四节　水－盐配置影响肾脏的能耗

"人的两肾重量占体重的0.4%左右，而正常成人安静时，每分钟流经两肾的血液量却占心排血量的20%~25%，约1200ml/min，居全身器官血流量之首，若按100g组织计算，每100g肾组织约有血流量700 ml/min，是全身各组织中血流量最丰富的器官。"（《人体机能学》[5]P265）

"肾脏在尿生成过程中需要大量的能量供应，其耗氧量约占机体基础耗氧量的10%。因此，肾血流量远超过其代谢需要。"（《人体生理学》[6]P245）而耗氧量与产热量呈一定的正比关系。因而可以看成肾脏的能量消耗约占机体基础能量消耗的10%。由上述数据我们可以算出，肾脏每100g的能量消耗是机体每100g的平均能量消耗的25倍（10%/0.4%）。由此可以知道，肾脏如此大的能量消耗并不是花在肾细胞的代谢上，而是花在尿液的生成过程中。

　　我们在第十章将用较大的篇幅来论证如下的结论：肾脏能量消耗的大小，主要由肾脏有选择性重吸收Na^+和H_2O的数量来决定的。采取"少盐多水"生活方式的人由于排尿量大，由肾脏有选择性重吸收Na^+和H_2O的数量就会明显减少。因而肾脏的负荷就会轻一些，能耗也要少一些（参阅第十章第五节）。

第五节　水－盐配置影响了细胞 兴奋及心跳频率

细胞的兴奋性降低, 减少了能量消耗

　　在第四章我们已经论述了，细胞的兴奋性必然伴随着动作电位的变化或动作电流的产生。从物理电学的原理中我们亦知道，只要有电位的变化或电流的产生，就必然需要消耗能量。

　　生物电流大都会表现为Na^+、K^+（还有Ca^{++}、Mg^{++}及有机离子等）的离子流。顺浓度梯度的离子流，无须直接消耗能量（其实是消耗着之前储存的浓度势能）。但为了恢复离子势能而逆浓度梯度（搬运）的离子流，则须要直接消耗能量。这就如本章第三节提到的"钠泵"（当然还有"钙泵"等），这些"泵"的能量来源都是来自ATP。人体的细胞随时都会发生兴奋（例如肢体有所动作，肌细胞就会发生兴奋），人体中相当部分的能耗都花在细胞的兴奋过程中。

　　我们在第四章将分析：细胞外Na^+浓度势能的高低直接影响着细胞的兴奋性。当我们把饮水量提高到3～4L/d时，细胞外的Na^+浓度

就会处于较低水平，Na^+ 的浓度势能就会降低。当细胞处于兴奋时，由细胞外流向细胞内的 Na^+ 离子亦会减少，兴奋过后，"钠泵"的负荷自然亦会相应下降，细胞因兴奋造成的能量消耗也会降低。

心跳减慢，心肌能耗降低

从实践中验证这一命题并不困难，只要空腹在0.5～1h内"牛饮"1L水之前，（在安静的情况下）测量一下心率，"牛饮"结束后10min再测量一下心率（也在安静的情况下），就会发现，"牛饮"后的心率比"牛饮"前的心率减少了约10%。也就是说，**只是喝水多一些，心率就会有所减慢。**

从理论上论证这一命题，可以从如下两方面入手：

1. 心肌细胞的兴奋性降低

这是上一标题已经阐述过的问题，心肌细胞与其他体细胞一样，喝水量增加均会使细胞外液 Na^+ 的浓度降低，从而使心肌细胞的兴奋性降低，心肌能耗也相应下降。

2. 自律细胞的自律性下降

组成心脏的心肌细胞根据它们的组织学特点的电生理特征以及功能上的区别，可粗略地分作两大类型：一类是普通的心肌细胞，包括心房肌和心室肌，执行收缩功能，称为工作细胞；另一类是特殊分化了的心肌细胞，包括窦房结和浦肯野细胞等，这类细胞除具有兴奋性和传导性外，还能自动产生节率性兴奋，称为自律细胞。心跳的快慢主要由自律细胞的自律频率状况决定。

原来，自律细胞的自律性高低受自律细胞（如浦肯野细胞等）4期自动去极化速度的影响（图 3.5-1）。"4期自动去极化速度增快，则从最大复极电位到阈电位水平所需时间就短，单位时间内发生兴奋次数就多，自律性就增高。反之，自律性就降低。"（《人体生理学》[6] P109）图 3.5-1 左侧曲线4期自动去极化速度快，曲线的变化频率就高，右侧曲线4期自动去极化速度慢，曲线的变化频率就低。而4期自动去极化速度受细胞外Na^+的浓度影响，Na^+的浓度高，Na^+的内流速度就大，自律细胞的自律性就高，反之亦然。

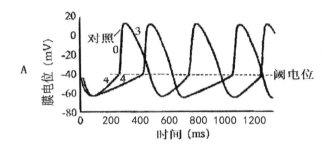

图 3.5-1.4期去极化速度影响自律性

（《人体生理学》[5] P109）

当人们把每天的喝水量提高到3 ~ 4L/d时，细胞外液的Na^+含量降低，致使4期复极时的Na^+内流量减少，自动去极化速度减慢（图3.5-1右则曲线），从最大复极电位到阈电位水平所需的时间就延长，心率会减慢，自律细胞的自律性就下降。

心脏虽然只有体重的1/200，但它消耗的能量却占了人体的1/20，能耗是其他组织的10倍。心率减慢及泵血强度减少均能降低心脏的能耗，从而也减少了人体能量的消耗。

第四章 （专论）生命体内的古"海洋"

第一节　海洋是生命演化的摇篮

生命物质演化的90%时间是在海洋中

早期的原始大气层成分以H_2、CH_4、CO_2为主，只有很少的O_2。由于缺乏臭氧层的阻隔，各种射线如紫外线，X射线，γ射线等可以长驱直入。它们对生物体都是有害的，可以使生命物质最重要的成分——核酸分解。如果没有海洋的保护，生命物质是不可能发生和生存的。由此生命物质只能首先出现在海洋里。幸好地球的71%的球面是海洋，是一个有着庞大水体的星球。

表4.1-1列出来的地球演化和生命进化时间表是根据(《自然哲学》[1]P91、《医学生物学》[3]P240）的资料综合整理而成。在这张表内有关地球演化和生命进化的一些细节，在专家学者之间存在极大的分歧，不过生命从海洋开始则是毫无异议的。

表4.1-1地球的演化和生命的进化时间表

年代	事件
46亿年前	地球诞生，形成均质火球
45亿年前	开始冷却，逐渐形成地壳，造山运动

（续表）

年代	事件
42亿年前	海洋开始形成，有机小分子，初期生命大分子
40亿年前	生命大分子开始自组织演化
35亿年前	异养型原核生物，厌氧藻类
25亿年前	自养型蓝藻极盛，通过光合作用，消耗CO_2，放出O_2
20亿年前	真核生物
12亿年前	异养形单细胞动物
10亿年前	多细胞生物
5.8亿年前	多细胞动物
5.4亿年前	海洋生物大爆炸
4.5亿年前	陆生植物
4亿年前	鱼类
3.5亿年前	两栖动物（出现肺呼吸）
2.3亿年前	针叶树，爬行动物（陆栖羊膜卵动物）
0.65亿年前	被子植物，鸟类，哺乳动物（恒温动物）
0.04亿年前	由猴变猿（脱掉尾巴）
20万年前	由猿变人（脱掉体毛）
12万年前	古人类开始由非洲迁徙到各大洲，语言产生

从表4.1-1可以看到，由42亿年前海洋开始形成时算起，到陆生植物完全离开海洋生存为止（4.5亿年前），生命物质主要在海洋中演化的时间为37.5亿年。占生命物质总的演化时间（42亿年）的89.3%。占地球年龄（46亿年）的81.5%。从这些数字来看：海洋何止是生命的摇篮？

古海洋曾经历了由高K^+低Na^+到高Na^+低K^+的演化过程

当代"岩石中钠的平均含量大于钾（约6%）。岩石风化后的产物进入河流，河水中钾含量为钠的36%。"（《海洋化学》[2]P58）按照这样的钠钾比例，是很难造就高钾低钠的海水环境的。但是早期地球上的K含量却是另外一回事。

何志谦在《人类营养学》中就提到："天然放射性同位素由^{39}K、^{40}K、^{41}K组成，^{39}K及^{41}K占了其中的93.4%，^{40}K只占6.6%。"（《人类营养学》[4]P278)又根据张正斌在《海洋化学》中的论证，"地球大气上的^{40}Ar共6.65×10^{19}克全部由^{40}K衰变而产生，相当于现在海水存量K的十分之一。"（《海洋化学》[2]P26）假设^{40}K已全部衰变为^{40}Ar，由上面的比例关系可以按如下方法推算出天然放射性同位素^{39}K，^{40}K，^{41}K的总量。

列出如下方程式：

$$K_{（海水总量）} \times 10\% = K_{（放射性总量）} \times 6.6\%$$

解方程得：$K_{（放射性总量）} = [K_{（海水总量）} \times 10\%]/6.6\%$

$$K_{（放射性总量）} = K_{（海水总量）} \times 1.5$$

这已经是一个很大的数字。在古地球中，其中三种天然放射性同位素^{39}K、^{40}K、^{41}K的总量已经超过了现在海水存量K的总和。而古地球上放射性K只占总K的一小部分。由此可以推证出，早期地壳中K的含量是相当丰富的。

表4.1–2也说明了早期海水的K$^+$也是相对地高。

表4.1–2　30亿年前海水化学成分与现代海水化学成分的比较

（《海洋化学》[2]P36）

项目比较	阳离子含量（%）				
	Mg^{2+}	Ca^{2+}	Na$^+$	K$^+$	合计
约30亿年前海水化学组成	13~24	23~29	30~47	17	100
现代海水组成	10.7	3.2	83.1	3	100

为什么现代海水的K$^+$含量比古海洋的K$^+$含量明显地低呢？原来从35亿年前开始到现在，地球海洋有一个漫长的由单细胞生物到多细胞生物的演化过程。下面引自何志谦在《人类营养学》的一段话

正解答了这一问题。

"（现在）海洋水中的钾不像钠那么多，但钾在沉积的岩石中多于钠。一些事实提示至少一部分有生命的活细胞对从海洋中移走钾作出反应。海洋生物的反应是首选吸收钾进入它的细胞内而不选钠，它们死亡后沉积到海底并把钾带到沉积岩中。"（《人类营养学》[4] P278）当然，埋藏于地壳深处大量的石油，同样是海洋生物沉积于海底累积的结果，里面也带走了大量的钾。

以上的推理说明，**古海洋曾经是高K+低Na+的**。

海洋经历了35亿年单细胞生物和多细胞生物的繁衍生息，海水中越来越多的钾通过海洋生物被带到海底沉积岩或形成石油的原始组分，而绝大部分Na+却留在海水中。海水里的Na+浓度随着雨水不断把陆地土壤里的Na+带到海洋而不断上升，K+的浓度却由于海洋生物把K+带到海底里而不断地下降，于是古海洋便经历了由高K+低Na+到高Na+低K+的的转变。

羊水——羊膜卵动物胎儿发育的"小海洋"

现时在岸上生活的动物大都属于羊膜卵动物，包括爬行类、昆虫类、鸟类、哺乳类等。在2.3亿年前生物演化的39.7亿年的时间里，动物的孵化都离不开水。只在2.3亿年前爬行动物出现后，陆上动物才能离水上岸。

水生动物的卵子大都飘浮在水里，一旦离开水，卵子就不可能发育。羊膜卵动物的出现，虽然卵子不再飘浮在外界的水体中，不过还是飘浮于羊膜腔内的羊水里。它们的胎儿的发育还是离不开水，羊膜腔内充满着羊水——受精卵在整个发育过程就浸泡在这样一个"小海洋"中，直到胎儿破卵（胎盘）而出。"羊膜卵的出现，动物才真正取得了向陆地纵深发展的主动权。"（《医学生物学》[3] P247）

由此可见，在陆地生存动物幼子的孵化和孕育还是离不开水体。

第二节　人体的细胞仍然生活
在古"海洋"中

细胞内外液似乎保留分隔两个"古海洋"的痕迹

地球的71%的球面是海洋，是一个有着庞大水体的星球。无独有偶，人类机体的含水量也接近70%左右，也是一个充满水分的机体。

"在人类的起源学说中认为，生命起源于原始的海洋。人类的前身最早也是在海洋中，可以说是浸泡在电解质中，生命和生存使这一活的生命物质逐渐具有使自己体内电解质与体外电解质相互分隔开来的能力。人体的细胞溶胶与细胞外液也有上述分隔的痕迹。例如，细胞溶胶是以K^+为基础的液体，而细胞外液则是以Na^+、Cl^+为基础的液体。"（《人类营养学》[4] P3）

表4.2-1是细胞内外液的电解质的正常分布。

由人体细胞内外液的电解质分布与古海洋所经历的离子浓度转换相对照，我们有理由提出如下的猜想：

人体细胞溶胶可比拟为35亿年前的古海洋（是原核细胞形成之前的海洋）。它的电解质成分是高K^+及低Na^+浓度的，与35亿年前的古海洋相近。

细胞外液就如同25亿年前的古海洋（是蓝藻出现时的海洋）。它的电解质成分与细胞溶胶刚好相反，是低K^+及高Na^+浓度，正好与25亿年前的古海洋接近。

人体的细胞似乎仍然保留着分隔两个"古海洋"的痕迹。

表4.2-1 细胞内外液的正常分布

（《人类营养学》[4]P3）

	细胞内（mmol/L）	细胞外（mmol/L）
阳离子		
Na^+	10	145
K^+	150	5
Ca^{2+}	2	2
Mg^{2+}	15	2
总计	177	154
阴离子		
Cl^-	10	100
HCO_3^-	10	27
SO_4^{2-}	15	1
有机酸		5
PO_4^{3-}	142	2
蛋白质		19
总计	177	154

[注：mmol/L＝(mg/L)×原子价/原子量（或分子量)。表示毫克当量浓度。相同的mmol/L具有相同的化学反应能力。]

生命大分子的反应需要钾的参与

"正常时细胞内的K^+浓度约为细胞外的30倍，细胞外的Na^+浓度约为细胞内的12倍。"（《人体机能学》[5]P37）而细胞内蛋白质的含量却是细胞外的5倍还要多（表4.2-1），这些数据说明细胞内外蛋白质的含量正好与钾的浓度呈正相关。而蛋白质属于生命大分子。下面是部分学者对生命物质与K^+的关系的一些论述：

"由于钾主要存在于细胞内，因而测定机体总钾的含量将提供测定体内所有细胞群的可能性。……每kg体重的细胞群平均含有

92.5mmol的钾。"（《人类营养学》[4]P7）细胞是生命的最基本单位，说明钾与生命物质的浓集有关。

"人体不同细胞的组织的化学分析结果，K/N的比率是很接近的，那就是每克氮有3mmol的钾。"（《人类营养学》[4]P244）"蛋白质都含有氮，一般蛋白质的含氮量为16%。"（《人类营养学》[4]P35）这两段说的是钾对蛋白质的浓集有一定的比例关系。

"婴儿生长需要钾多于钠，人奶的钠钾比值为0.6/1。"（《人类营养学》[4]P374）这一方面是因为婴儿体内的细胞不断在增加，另一方面是因为处于生长发育阶段的婴儿，细胞内蛋白质的合成与分解相对频繁。

"对禁食者注射葡萄糖液会使血浆钾比休息时水平下降约0.5mmol/L，因为在糖原合成过程需从血浆抽出钾。"（《人类营养学》[4]P252）这很可能是，由于细胞内生命大分子的反应性加强需要更多钾的参与的缘故。

"细胞内高浓度的K^+是核糖体合成蛋白质和糖酵解过程中重要酶活动的必要条件。"（《细胞生物学》[8]P61）

从上面学者们的论述，我们可以得出如下的猜想：**生命大分子的反应需要钾的参与。**

第三节　食盐在人体功能中起着重要的作用

从上面两节的分析中，我们可以看到海洋中的生命物质正是依赖于海洋中食盐的不断积累而演化形成。其实食盐不单在人体功能中起重要的作用，而且在整个生命进化过程，以及在所有的生命体中都起着同样重要的作用。

人体内的电解质在体液中除去水分之外的干重（以当量浓度计算）占了超过70%，电解质分布于细胞溶胶和细胞外液中，它的组成如表4.2-1。

从表4.2-1的数据可以看到，存在于人体细胞内外液电解质的固体成分中，食盐内的成分——（Na^+ Cl^-）占了约40%（以当量浓度计算）。可见食盐在人体的电解质中是何等的重要。

细胞的兴奋性是生命的重要特征之一

下面是樊小力在《人体机能学》中有关生物体兴奋性的几段陈述：

"通过对各种生物体活动的观察和研究，发现生命现象至少具有两种基本特征，即新陈代谢和兴奋性。"（《人体机能学》[5] P2)

"兴奋性是一切生物体所具有的特性，它使生物体能对环境变化作出适当反应，是生物体生存的必要条件。"（《人体机能学》[5] P2)

"细胞是人体和其他生物体的基本结构的功能单位。体内所有的生理功能和生化反应，都是在细胞及其产物的物质基础上进行的。"（《人体机能学》[5] P7)

所以生物体的兴奋性最终表现在细胞的兴奋性上。生物体的所有活动最终都会在体内细胞的活动显示出来。

细胞的兴奋性依赖于Na^+、K^+在细胞内外的流动

"恩格斯在100多年前就指出："地球上几乎没有一种变化发生而不同时显示出电的现象。'生物体也一样，活的细胞或组织不论安静时还是活动过程中均表现有电的现象，这种电的现象是伴随细胞生命活动出现的，所以称为生物电。"（《人体生理学》[6] P18）

就目前所知，人体和各器官所表现的电现象，是以细胞水平的生物电现象为基础的。细胞的兴奋性最终是在细胞水平的生物电现象显示出来。主要有如下两种形式：

1. 单一细胞的跨膜静息电位

细胞未受刺激时存在于细胞膜内外两侧的电位差称为跨膜静息

电位（–90mv～–70mv），简称静息电位。静息电位都表现为膜内较膜外为负。

细胞内高K+浓度（表4.2–1）和安静时细胞膜主要对K+有通透性，是大多数细胞产生和维持静息电位的主要原因。

我们知道，细胞内高K+浓度会因浓度差把部分K+推出细胞外，而细胞内K+浓度低了就会形成负电位。因而被推出细胞外的K+会受到两种力的作用，一种是由浓度差形成的外推力，另一种是由细胞内负电位形成的内吸力（异种电荷相吸）。当两种力达至平衡时，就会形成存在于细胞膜内外两侧的跨膜静息电位。人体内所有细胞只要它还有生命，它都存在这样的跨膜静息电位。

2. 单一细胞的跨膜动作电位

动作电位实际上是细胞受刺激后，细胞膜在原有的静息电位基础上发生的一次细胞膜两侧电位的快速而可逆的倒转的复原，形成动作电位或峰电位（图4.3–1）。

图4.3-1（A）是测量单一神经纤维动作电位的实验模式。（B）是细胞受到刺激而发生兴奋时，动作电位的变化曲线。

动作电位或峰电位的产生是细胞兴奋的标志，它只在外加刺激达到了阈值（–55mv）时才能引起。

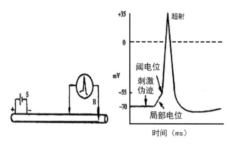

（A）实验模型　　（B）电位变化曲线

图 4.3-1 测量单一神经纤维动作电位的实验模型

（《人体机能学》[4]P42）

而大多数细胞产生峰电位的主要原因，是细胞外高 Na^+ 浓度（表4.2–1）和细胞在受到刺激时细胞膜主要对 Na^+ 有通透性，致使细胞外的 Na^+ 大量地流向细胞内，形成由静息时电位（–70mv）瞬间提高到+35mv的高电位。

从上面的分析可以看到，食盐中的 Na^+ 在细胞的兴奋中起着至关重要的作用，而细胞的兴奋是生命的重要特征之一。从某种意义上说，没有食盐就没有细胞的兴奋，也没有生命。

同时生命体总是在新陈代谢之中，伴随着新陈代谢的进行，生命体每天都会有一定量的食盐排出体外。由此，所有生命体在一定时间内，都需要补充一定量的食盐。

第五章　（专论）食盐促成了人类两大变化

第一节　毛猿因食物中食盐减少才演化为"裸猿"

这又是我们的一个大胆的"猜想"。其实对于处在平原地区的毛猿最大的生存威胁不是猛兽，而是体内的钠离子负平衡。灵长类血钠的正常指标是135~145 mmol/L，对于人类"若钠降至约120 mmol/L……病者会主诉食欲消失、恶心、呕吐及虚弱，并出现嗜睡、易激惹、思想混乱，有时对人采取敌意，肌肉的明显无力，深腱反射减弱或消失，同时可见到与苍白球有关的神经症状。严重时引起昏迷和晕厥，甚至危及生命。"（《人类营养学》[4] P250）（注：单位mmol/L参阅表4.2–1的注释。）同时随着体钠浓度的下降，细胞的兴奋性降低，心跳渐趋微弱，甚至停止跳动。

猿一旦离开树林，植物性食物减少时，整个群落就会因体内钠离子负平衡出现严重的健康问题而面临毁灭。在猿演化的400万年来，不知有多少个猿的群落因离开丛林遭此厄运（直到现在人们还没有发现草原上的猿群即为旁证）。

之所以会出现这样的情况，是因为猴和毛猿都有体毛附身，散热以蒸发散热为主，而蒸发散热带走的食盐量较多［因"汗液钠的含量为25~30mmolL"（《人类营养学》[4] P277）可比尿液最低含量多一倍］，因而到了平原后仍披着体毛的古猿虽然已经由植食性变为杂食性，但仍明显出现体内食盐不平衡而被自然选择淘汰。对于脱掉了体毛的"裸猿"，继承了古猿的杂食性，由于以辐射散热为主，蒸发散热为次，食盐排出量也就明显减少，体内食盐量便能达到正平衡（参阅第五章第二节）。因而在平原上的"裸猿"明显具有生存上的优势。最后，"裸猿"便成为主流物种，可以生存于地球上所有角落里。正是食物链中食盐减少了，才使毛猿演化为"裸猿"。

第二节　引入食盐后，谷类才可以成为人类的主食

人类引入谷类食品的历史很短

人类祖先从树上走到地下时，食盐量已经出现过一次减少，那次食盐量的减少促成了20万年前"裸猿"的出现，完成了由猿进化为人类的壮举。自从引入谷类食品后，人类的食盐量又再一次减少。

虽然人类已经有20万年的进化历史，但据专家考证，人类引入谷类食品，却只有不到1万年的时间，我国种植稻米的历史也仅有5千年。以杂粮谷类为主食只有区区的3000～5000年的历史，以精粮谷类为主食更是近百年的事情。

人类的肠胃不适应生吃谷类食物

人类把谷类作为食品的历史之所以只有区区的1万年，其中原因之一是，人类在很长的一段时间里，把谷类看作是不可食用的。"因为未煮食物中的淀粉颗粒仍被包裹在纤维膜中，与酶隔开，使酶不能发挥它的作用，故生的大米和马铃薯等都难被消化。因此，对于这一类多糖，加工和加热烹调有特别重要的作用。"（《人类营养学》[4] P79）

"如果摄入一顿糖食不能消化，约60min之后，这些患者会有腹胀，恶心，肠绞痛的主诉，并可持续腹泻达5h之久。"（《人类营养学》[4] P83）(注：糖食包括淀粉。)

在人类还未懂得用火煮食的蛮荒年代里，当人类饥肠辘辘的时候，肯定尝试过把老鼠的"粮仓"翻出来，生吃谷类食物。他们会想，"老鼠爱大米"，老鼠能吃，大概人类也能吃。他们不知道，老鼠的肠胃能消化未煮熟的谷类食物，而灵长类动物则不能。最后因为人类的肠胃对未煮熟的淀粉会作出如此恶劣的反应而作罢。

在20万年的进化历程中，肯定每一代人都作过如此的尝试，特别是涉世未深的小孩。约在1万年前，当人类懂得用火烤食物的时候，很可能也是涉世未深的小孩子从火堆中扒出烤过的玉米棒往嘴里送而没有出现肠胃不适，于是谷类食物可以熟吃才被人类偶然地认识了。

引入谷类食品后,人类的食盐量又再次减少

人类之所以迟迟未能把谷类作为主食更主要的原因则是因为食入谷类食品后人类体内的食盐量又再一次减少，体钠又再一次出现负平衡，由体钠负平衡出现的健康问题又再一次威胁着人类的生存。只有在人类找到了食盐这种食品后，谷类食品才逐步成为人类的主食。

表 5.2-1 各类食物的食盐含量（mg/100kcal）

（*根据《食物成分表》*[7]*整理*）

叶菜类	软体动物	鱼虾类	牛奶	根茎类	蛋类	禽畜肉类	瓜类	坚果类	鲜豆类	水果类	谷类	干豆类	油脂类
378	122	103	80	57	54	37	32	12	8	4	1	0.6	0.2

表 5.2-1是各类食物的食盐含量（按降序排列），单位是 mg/100Kcal。排在最前面的三类是"叶菜""软体动物""鱼虾"；排在最后面的三类是"谷类""干豆""油脂"。猴以"叶菜类"为主，猿则找到"软体动物"和"鱼虾"，（因而有"猿因食鱼进化为人"的传说）而近现代人则是以"谷类"为主食（食盐含量几乎是最低的），幸好人类找到了食盐。

现代人仅从食物中获得的食盐量是多少？

表 5.2-2 现代人类从食物中获得的食盐量

营养素	数量(g)	总热量(kcal)	含钠(mg/100g)	总钠(mg)	折食盐(mg)
油	25	200	5	1.25	3.12
奶	100	55	40	40	100
豆	50	180	2	1	2.5
肉	50	180	61	31	77.5
鱼	50	60	102	51	127.5
蛋	50	80	90	45	112.5
菜	400	80	81	324	810
果	200	80	2	4	10
谷	300	1080	3	9	22.5
合计		1995		506.25	1265.6

（注：钠在食盐中占比为40%。折食盐量=含钠量 / 0.4。）

表 5.2-2根据1998年由中国营养学会起草中华人民共和国卫生部批准的《中国居民膳食指南》及《中国居民膳食宝塔》提出的膳食营养素参考摄入量整理而成。（资料来自《食物成分表》[7]）

表中食物营养素含量的数据来源于《食物成分表》[7]。

表中每一类别抽选了人类常吃的5个品种的平均数得出。

表5.2-2 揭示了现代人类如果只从食物中获取食盐只有1265.6mg/d，显然是严重不足的。

人体最少食盐需要量是多少？

由于成年人对食盐基本上没有生长上的需要，可以看成是食盐需要量=食盐排泄量。因而成年人最少食盐需要量即为人体在新陈代谢过程中食盐的最少排泄量。

人体对食盐的排泄主要通过尿液和皮肤的不感蒸发（包括肺呼吸带走的水），而尿液量和皮肤的不感蒸发量与喝水量及产热、散热情况有关。

1. 现代人产热和散热的情况

现代人由于没有体毛，辐射散热是主要的，根据樊小力在《人体机能学》中提到的，"在一般温和的气候条件下，安静时的辐射散热所占比例较大，约为总散热量的60%。"（《人体机能学》[5] P124）于是计算出现代人类辐射散热为 2000 kcal/d × 60%=1200 kcal/d。把现代人的热量摄入量设定为2000kcal/d，是与毛猿和"裸猿"的生活方式类比而假定，现代人的高热量摄入只是近百年来由于"高盐少水"及长期饱食的生活方式下才形成。

对于蒸发散热，樊小力在《人体机能学》也有一段陈述："每蒸发1g水可带走0.58 kcal的热量。……不感蒸发是持续进行的，与汗腺无关，不受神经系统的调节，每日的蒸发量约为1000ml……"（《人体机能学》[5] P124）从这两组数字可以算出，人体不感蒸发散热量=1000ml/d × 0.58 kcal =580 kcal/d。表5.2-3 的蒸发散热量取整为

600 kcal。余下的就是传导、对流散热量，约为200 kcal。

表 5.2-3 现代人产热和散热的情况（kcal/d）

	产热	散热		
		辐射散热（1）	传导对流散热（2）	蒸发散热（3）
现代人类	2000	1200	200	600

2. 人体最少食盐排量是多少？

假定现代人类总摄入水量为3.4L（包括食物水1.1L，代谢水0.3L，喝水2L）。

排出水分的分配是：皮肤蒸发水=600/0.58≈1034 ml

其他水（如呼吸及粪便带出水）：500 ml

尿液水=3400-1034-500=1866 ml

而现代成人食盐的最低排出量可作如下计算：

皮肤蒸发水(1034)带出的食盐量=(1034/1000)×25×23/0.4≈1486mg

尿液带出的食盐量=（1866/1000）×10×23/0.4≈1073mg

从而计算出成人最低食盐排出量=1486+1073=2559mg

［注：上面的计算假定不感蒸发水含钠量是25 mmol/L，在最低食盐摄入时，尿液钠的含量是10 mmol/L，这是由于人的肾对钠的重吸收功能较强，而汗腺较弱，"汗液钠的含量为25~30mmol/L"。（《人类营养学》[4]P277）可比尿液多一倍；23是Na的原子量，0.4是Na在NaCl中的占比。］

最后得出的结论是：人体每天最少的食盐需要量是2559mg。

没有食盐,以谷类为主食的现代人将不能生存

以谷类为主食的现代人类从食物中总摄入食盐为1265mg/d（表5.2-2），而成年人最低食盐排出量是2559 mg/d。

结果是：食物总摄入食盐量（1265 mg/d）明显小于成人最低食盐排出量（2559 mg/d），缺口达50%。

得出的结论是，**以谷类为主食，仅靠食物补充食盐，对于现代人来说，体钠是负平衡的。**

如同猿从树上走到地面后没有丛林依傍就不能生存一样（依傍丛林可以增加叶菜和果类食物，相当于增加了食盐量），现代人类以谷类为主食，如果不添加食盐也将出现灭顶之灾。

人类在把谷类食物作为主食之前，必须跨过"食盐"这道坎。幸好，人类脱掉体毛以后，已经不像毛猿那样必须依傍丛林而生存。从20万年前以后，人类已经可以涉足地球陆地上的各个角落。据考证，12万年前人类已经开始从非洲出发，沿着海岸线迁徙到各大洲。

与发现谷类食物并把它引入到人类食谱纯属偶然事件一样，发现食盐并把它作为营养素，很可能也是人类的偶然行为。自从人类学会种植谷类作物，并逐步增加它在食谱中的比例时，在还没有找到食盐以前，如果吃多了谷类，人们就会出现精神萎靡不振，体力下降的现象。但是他们决不会知道，这是由于谷类食物的增多致使体内食盐浓度下降这样一个深层次的原因的。很可能是在一个偶然的机会，某些人喝进海水，感到精神振奋，力气大增。于是人们才把食盐作为增加力气的食品，故民间有"食盐多，力气大"的说法。翻看历史，中国所有朝代的统治者都把食盐作为官方控制的商品（现代中国也是），有所谓"官盐"之说。并把它提升到关乎国家稳定的地位。

由此可见，食盐是人类生存不可或缺的食物添加剂。

第六章 （专论）人体尿液生成的激素调节

为了使读者更好地看懂有关章节，需要了解一点有关肾脏调节的知识。

尿的生成过程（包括浓缩与稀释），受神经和体液因素的调节。但主要是受两个体液因素的影响：血管升压素和醛固酮。因而须要对这两个激素作简明的介绍。

血管升压素，又名抗利尿激素。顾名思义就是不利尿（抵抗利尿）的激素，是动物保持体内水分的激素。陆地生存的动物体内具有强大的血管升压素保水功能，是从2.3亿年前爬行动物上岸生活时开始演化形成的。那时古地球处于极端干旱的环境中，陆生动物为了保持体内水分逐渐加强了血管升压素对肾脏保水功能的调节，才使得动物能在陆地上不断向综深演化和发展。

醛固酮则是动物保持体内食盐的激素。对现代人来说，醛固酮的功能能达到如此之强大，完全得益于我们的祖先——猿的400万年和古人类的20万年艰辛的进化历程。从树上到地面后，他们体内的食盐处于艰难的平衡状态（他们还未懂得把食盐引入到他们的食谱）。那些醛固酮激素功能强大的人类祖先，成为幸运的生存者。自然选择的结果，现代人类醛固酮功能优于许多物种。

其实人体内没有专门的"排水激素"。人体的排水是被动的，是通过多保盐和少保水间接实现的，这时排出含盐少的尿液。同样人体也没有专门的"排盐激素"。人体的排盐也是被动的，是通过少保盐和多保水间接实现的，这时排出含盐浓度高的尿液。

血管升压素

1. 血管升压素的作用（《人体机能学》[5]P273）

血管升压素（简称ADH）由下丘脑的视上核和室旁核的神经细胞合成，其分泌颗粒送到垂体后叶贮存并释放入血。它的主要作用是增加肾对水的重吸收，使尿量减少，因而被称为"保水激素"。

2. 血管升压素分泌的调节（《人体机能学》[5]P273）

（1）血浆晶体渗透压的改变

下丘脑存有晶体渗透压感受器。血浆晶体渗透压（主要由食盐的浓度形成）升高时，可使ADH合成和释放增加，从而使肾对水的重吸收增加，尿量减少，结果保留了体内的水分，有利于血浆晶体渗透压恢复正常。反之，当血浆晶体渗透压降低时，则使ADH合成和释放减少，使肾对水的重吸收减少，尿量增加，从而排出体内多余的水分。

（2）循环血量的改变

左心房和胸腔大静脉均有容量感受器。当血量过多时，容量感受器抑制ADH的合成和释放，从而使尿量增加，排出过多的水分。反之，当血量减少时，容量感受器促使ADH的合成和释放增加，从而使尿量减少，以保留较多的水分。

血管升压素分泌的调节参阅表6.1-1。

表 6.1-1 血管升压素分泌的调节

	血浆晶体渗透压		循环血量	
变化	↑	↓	↑	↓
引起因素	高盐少水	少盐多水	少盐多水	高盐少水
ADH	↑	↓	↓	↑
	血浆晶体渗透压		循环血量	

（续表）

肾重吸收水	↑	↓	↓	↑
尿量	↓	↑	↑	↓
体内水分	保留	排出	排出	保留

醛固酮

1. 醛固酮的作用

"醛固酮是肾上腺皮质球状带分泌的一种激素。它的主要作用是促进肾对Na^+的主动重吸收和K^+的分泌，故有保钠排钾作用。Na^+的重吸收加强，Cl^-和水的重吸收也随之加强。"（《人体机能学》[5] P274）

2. 醛固酮分泌的调节（《人体机能学》[5] P274）

（1）肾素-血管紧张素-醛固酮系统

肾素是由肾小球近球小体中的颗粒细胞合成并分泌的一种蛋白水解酶，能使血浆中的血管紧张素作用于肾上腺皮质球状带分泌醛固酮。肾素-血管紧张素-醛固酮系统的调节过程参看（图6.1-1）。（《人体机能学》[5] P275）不过这一调节系统需要循环血量或全身血压下降得较低的时候才能起动。在特殊的情况下，虽然全身的循环血量和血压并没有下降，但如果进入肾脏的动脉血管阻塞从而造成流经肾脏的血量和血压明显降低，也会起动肾素-血管紧张素-醛固酮的调节系统，出现醛固酮分泌明显增多的现象。这也是造成高血压病发生的一个重要因素。

（2）血Na^+的浓度影响

血Na^+浓度降低，可直接刺激肾上腺皮质球状带使醛固酮分泌增加，导致肾保钠，从而保持血Na^+的平衡；反之，血Na^+浓度升高，则醛固酮分泌减少，导致肾排钠。（表6.1-2）

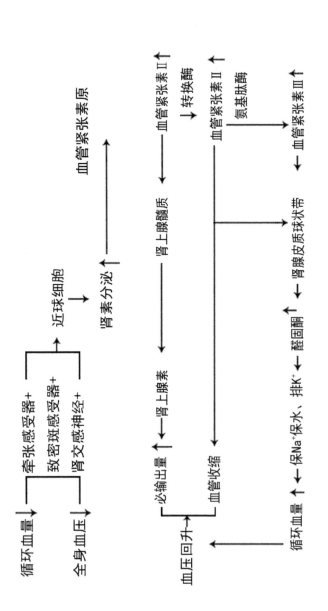

图 6.1-1　肾素—血管紧张素—醛固酮系统示意图

"+" 表示兴奋

(《人体机能学》[4]P275)

表 6.1-2 血 Na^+ 的浓度对醛固酮的影响

血 Na^+ 浓度	醛固酮分泌	
↓	↑	肾保钠
↑	↓	肾排钠

有关激素调节的滞后问题

　　"血管升压素"和"醛固酮"的调节系统，属体液调节系统。体液调节与神经调节是不同的，不同之处包含调节的速度差别很大。神经调节如同电子调节一样是即时反应的，调节的时间以秒（或零点几秒）为单位计算，而体液调节则是以1min甚至1h为单位进行。何志谦在《人类营养学》中有如下一段陈述："ADH在血流中的半衰期为15~20min，以水作负荷使ADH停止分泌的时间为90~120min。大部分在血流中的ADH被肝与肾灭活，并约有10%从尿中排出。"（《人体营养学》[4]P250）这就说明ADH的灭活需要时间，ADH停止分泌也需要时间。醛固酮也有相同的反应。其实几乎所有体液调节都存在滞后问题。这是因为体液调节的几个过程：信息的反馈、激素的分泌、激素的运输、靶细胞的接收及激素的灭活等等，都需要一定的时间。因而，我们在研究激素对机体的反应时，不能不注意到它们的反应滞后问题。

第三篇

调节好人体内水－盐是健康之本

TiaoJie Hao RenTi Nei Shui－Yan
Shi JianKang Zhi Ben

第七章　关于"饮水保健法"

　　"百药水为王"，这是中国古代医家的一句谚语。何来水成了百药之王？说白了，就是F.巴特曼的那句名言："你没病，只是渴了！"（《水是最好的药》[10]P4）只是近几千年来，自从人类引入食盐后而没有自觉调整饮水量，造成机体长期缺水，才造就了水这样的一个美誉。不是水真的成了百药之王，而是因人类长期缺水才致百病缠身。才使F.巴特曼仅仅用水就辅助医好了3000多个病人；才使王豫廉开创了用水就辅助治疗部分高血压和糖尿病人；才引伸了我们的这本书《健康新思维（一）》。

　　从这一章书开始，我们才正式论证："少盐多水"的生活方式如何能使人类的文明病减少40%。现代人类之所以陷入了"文明病"的泥潭，是因为"高热量、高糖、高盐、缺水及劣性精神应激"而引起。只有改变这些生活方式，才能避免各类"文明病"；也才能辅助医治各类"文明病"。有时还要适当的"纠枉过正"，才能纠正因人类几千年的陋习造成的后果。例如我们上面提到的"牛饮"，和不少学者提出的"辟谷"，都属"纠枉过正"的做法。

　　本章所提到的"饮水保健法"其本质也是"少盐多水"。"饮水保健法"的提倡者们虽然并没有提出"少吃食盐"，但是由于多喝了水，已经达到了冲淡体内食盐浓度的作用，因而同属"少盐多水"生活方式的范畴。

第一节 "饮水保健法"的先导者们

"饮水保健法"的先导者们为了人类的健康可谓"前赴后继",他们虽然不为专家学者们重视,仍为人们的健康立下了汗马功劳,值得人们尊敬。

"一口气喝1360ml水"的提出者

据说,在20世纪70年代,"一口气喝1360ml水"的饮水健身法是沿着从美国—日本—中国台湾地区传来,最后通过传媒的报道,一夜之间风靡了整个中国大陆。发明者是谁,无从查考。但是我们所知道的是,由于这种"饮水保健法"副作用太多,该"饮水保健法"一开始就遭到专家学者们"棒杀"。我当时是追随者之一,也是40年来 "饮水保健法"的探索者之一。

那时主笔由于年轻(才二十几岁),只用了不到一个星期,就适应了"空腹一口气喝1360ml水"的饮水法。我在早晨起床的第一件事就是空腹一口气喝1360ml凉开水。如是坚持了足足4年,没有出现过任何副作用。只觉得大便畅通,神清气爽。肾结石也不治而愈。后来由于专家学者们的反对声音实在太多,我亦无所适从,于是我遂改为:"在早晨起床后,1h之内空腹喝1000ml水(分4次,每次250ml,一口气喝完)。"

我从1974年进工厂,到1991年下海,在十几年来每年例行的体检中,我的血压都比中学时代低,低压是70~75mmHg,高压是105~110 mmHg。(中学时代的血压一般都是125/85 mmHg)这一现象使我产生了极大的疑问:"喝水为何能降低血压?"这正是我自20世纪90年代后期开始,对"饮水保健法"进行了为期20多年的业余研究的主要动因。

黄旭也是70年代"一口气喝1360ml水"的饮水健身法的实践者之一。2009年10月8日，我从《广州日报》看到他写的一篇短文《饮水保健法》，他和我一样同样执着地坚持了30年。下面是他的一些感言：

"从那时至今已度过了30个春秋，我也不觉从中年步入了将近耄耋之年。人生的风风雨雨，世事无常，唯独我的饮水保健法从未间断，而且经过了逐步的探索，积累了别具特色的饮水保健法来，确实使我得益非浅，我现在充满了生命的活力，毫无衰老之感，内脏器官并无一般老人的常见病、血压正常、很少有感冒，更未有过任何消化系统方面的疾病，便当诚信斯言。

"我的喝水保健法，并非要到口干舌燥之时，才无节制地大量喝水，而是要求每天定时定量地去喝水（指温开水）。我每天保持饮水量在4.5L以上，比人体正常所需的3L水稍多，又比上述日本人的大量饮水稍少。以日间喝水为主，使得晚上免于起床解手，保证了良好的睡眠。我早上下床后雷打不动的第一件事就是喝三大杯水，然后通畅地排便。血液也因此稀释而感气爽神清。早午饭后1~2h也各喝三杯水，日中至晚还再有一至二次排便，如此便极大地减少了体内残渣毒素的滞留，保持了我日常旺盛的食欲与消化力，自然也未有便秘之苦。"

黄旭在饮水保健法方面是我的知音，他每天保持饮水量在4500ml以上，居然与我们的研究结果"不少于2500ml，最好是3000～4000ml"不谋而合。（注：本数据仅供参考。）

医药博士F.巴特曼

F.巴特曼是美国医学博士，国际知名研究员，毕业于伦敦大学圣·玛丽学院。"他毕生致力于研究水的治疗作用，他不用药，仅用水，就治愈了3000多名患者。"（《水是最好的药》[10]P3-序）

他写了一本被人们与《圣经》相提并论的书《水是最好的药》，这是一本颠覆传统观念的书，产生了世界性的影响，已被翻译成16种语言。从1992年开始，仅在美国至今已印刷了35次。

"你没病，只是渴了！"（《水是最好的药》[10]P1−序）这是F. 巴特曼的一句名言。他在《水是最好的药》这本书中告诉人们："如果我们了解了水在身体内的具体运行情况，我们就会恍然大悟，我们关于医疗保健的观念就会随之发生彻底的改变，我们会惊讶地发现许许多多疾病的病因仅仅是：身体缺水。**身体缺水造成了水代谢功能紊乱，生理紊乱又导致了诸多疾病的产生；而治疗这些疾病的方法简单得令你难以置信，那就是：喝足够多的水。**"（《水是最好的药》[10]P2）他用丰富的临床案例，说明了水是怎样治好各种慢性疾病的。F.巴特曼令人敬仰，他的书更值得向读者推崇。

F.巴特曼不愧是20世纪90年代饮水疗法的先导者。不过，他提倡人们每天的喝水量仅限于2000~2500ml，与我们的研究结果："不少于2500ml，最好是3000～4000ml"还有一定的差距，说明他的饮水保健法仍有发展的潜力。如果他能尝试使用2500~4000ml水辅助医治病人，他将会做出如同王豫廉那样惊人的创举。

医学教授王豫廉及功能水

医学教授王豫廉在离子水界是一个响亮的名字。他所著的《离子水——防病治病趋向的健康之水》(简称《离子水》)，使人们对离子水的追捧到达了疯狂的地步。本人曾经也是王教授的"追星一族"。

不过，中华人民共和国卫生部的一个公告（2005年第10号）："我部从未批准过任何'离子水机'，涉水产品不得宣称任何保健功能。"使王豫廉这个名字从颠峰跌到谷底，顿时成为众矢之的。

"王教授毕业于江苏医学院医本科，以后从事临床血液学的研究已40余年，成绩显著，发表了大量论文，并于1992年编入英国剑桥国际名人传记研究中心远东名人录中。"〔赵书文《离子水·推荐者的话（二）》〕我们和王豫廉教授只限于《离子水》这本书的交往。对于这本书，我们读了不下10遍，总觉得王教授是属于那种治学严谨的人。退休前，他的头上已有许多光环，因而我们深信他用离子水临床治愈的病例是真的，不象那些浮夸的造假者。

当我完成了《人体机能学》的自我进修以后，我才发现，离子水确实过不了胃酸这一关。下面我们以每小时喝1000ml，pH值=9.6的离子水，与空腹时的胃酸发生中和反应的情况来说明这一问题。

我们先来了解一下胃酸的情况："纯净的胃液是无色、透明、呈酸性的液体（pH为0.9~1.5），正常人每日分泌为1500~2500ml，其主要成分有盐酸、胃蛋白酶原、黏液和内因子。"（《人体机能学》[5]P252）空腹时胃液也有少许分泌，约为50ml/h（喝水时还会稍有增加）。

假设喝离子水的人，最高的喝水速度是1000ml/h。下面我们只要比对一下，50ml/h的胃液所含的正离子数与1000ml/h的离子水所含的负离子数孰多孰少，就可一目了然了。

pH是氢离子浓度的逆对数：

$$pH=lg（1/[H^+]）=lg1-lg[H^+]=-lg[H^+]$$

最后得出$[H^+]=10^{-pH}$　（单位：mole/L）

pOH则是氢氧根离子浓度的逆对数：

$$pOH=lg（1/[OH^-]）=lg1-lg[OH^-]=-lg[OH^-]=14-pH$$

最后得出$[OH^-]=10^{-(14-pH)}$　（单位：mole/L）

（注：pOH+pH=14是化学恒等式，可查百度百科pH。）

现在我们进行计算：

1. 50ml的胃液（设pH=1.2）的$[H^+]$ mole数为：

$$0.05×[H^+]=0.05×（10^{-pH}）=0.05×（10^{-1.2}）$$

$$=0.05/（10^{1.2}）=0.003（mole）$$

2. 1000ml离子水（pH=9.6）的[OH⁻] mole数为：

$$1 \times [OH^-] = 1 \times \left[10^{-(14-pH)} \right] = 1 \times \left[10^{-(14-9.6)} \right]$$

$$= 1/ (10^{4.4}) = 0.00004 \text{（mole）}$$

从上面计算可知，50ml的胃液所含的正离子数是1000ml的离子水所含的负离子数的75倍（0.003/0.00004）。离子水过不了胃酸这一关，由此可以一目了然。（注：1 mole的离子数=6.02×10^{23}个。）

其实，人体调节体液酸碱度的能力是很强的。就拿最简单的腹式呼吸为例，只要你在1min内腹式呼吸12次，体液产生的负离子数，就很有可能远远多于1000ml离子水里面所含有的负离子数，而且这些负离子是通过肺直接进入人体的血液循环系统。〔这方面我们将在《健康新思维（三）》详加论述。〕

虽则我们把离子水的外衣撕掉了，但我们还是觉得，王豫廉在人类健康的领域上，仍然是一位令人尊敬的探索者。离子水在成全王豫廉的探索方面也属功不可没。（如果不是迷信"离子水"，王豫廉也不可能做出如此多的临床实验。）

当今，恐怕是他第一个提出"高血压和糖尿病可以在药物医治的基础上，增加喝水量进行辅助治疗"。谁敢运用每天饮水4000ml、6000ml、8000ml甚至10000ml的治疗手段对病人进行辅助治疗？！他的举动，使不少专家学者为之捏一把汗。我们在本《健康新思维（一）》有关"饮水保健法"的探索，正是在王豫廉《离子水》一书的启发下开始的。

当我们撕掉了离子水的外衣后，主笔用普通的饮用水，按照《离子水》里面的方法，配合药物治愈了我妻子的高血压病后，（本章第二节）我们对王豫廉更是敬佩有加。他使用超过4000ml饮用水进行辅助治疗病人的方法，与我们的研究结果却是异曲同工。他的《离子水》一书，只要把书名改为《饮水能治病》之类，书内的"离子水"一词改为"饮用水"，将仍然是一本很好的书。

　　至于各种功能水（它们同样也是饮用水），大都过不了胃液这一关。同时，人体对水的吸收及在体内的运输，不靠水分子团的大小，主要是渗透压的推动和Na$^+$的协同作用。但是它们也并非一无是处。在功能水机厂家和商家的大力宣传下，人们对饮水重视了。由于对功能水的迷信，喝水自然也多了。他们的自我感受是，饮多了功能水后，健康都有所改善。在当今大部分人缺水的状况下，"功能水"使人们多喝了点水，身体有所改善，这应算是多喝水的一大"功劳"。买了"功能水机"的人也不必懊丧，因为花了几千元，买到喝水的理念，买到健康，多喝了水，还是值得的！

尿疗法与朱锦富

　　从尿疗学术研讨会上了解到，目前我国有300万人采用尿疗治病。据说，近年来尿疗已成为世界性的热门话题。日本采用尿疗治病者达到800万人，中国台湾地区也有数以万计。国际上及不少国家还有尿疗组织，每年还要召开世界性的尿疗学术研讨会。（《广州日报》2000-02-19）

　　人们对于尿疗法的热衷，就如同对功能水的追捧一样，都说明人们对健康的向往和追求。都是无可厚非的。

　　主笔曾经也是尿疗法的热心追捧者，我是冲着尿液本身含有多种有用的激素而实施了三年的尿疗的。不过我是在十几年水疗的基础上叠加三年的尿疗。尿疗前的水疗方法是，早晨起床后1h内空腹喝1000ml水；尿疗三年期间，则是早晨起床后1h内空腹喝1000ml（尿+水），即起床时先喝尿（例如是400ml），半小时后再喝水（600ml）。亦即尿疗期间，水疗不间断。给我个人的感觉是，无论是尿疗前，还是尿疗期间，亦或是停止尿疗后，我个人的身体状态都是一样的良好。**于是我得出的结论就是：尿疗=水疗。**

　　当我进修了樊小力的《人体机能学》，了解了消化系统的消化和吸收过程后，我才对尿液中的激素彻底地失望了，因为尿液中的各种激素都经受不了胃液的"洗礼"。由此就停止了尿疗。

　　如果尿液中的激素对喝尿者的人体有作用的话，那只会产生在从口腔到食管这一短暂的过程。由于尿液中的激素含量微乎其微（仅 $1\mu g/L$），尿液接触口腔和食管的时间又短之又短（不到1秒）。尿液中的激素通过口腔和食管这一途径对人体产生作用几乎是不可能的。尿液一但进入胃肠消化系统，尿液中的激素由于都是蛋白质类物质，在各种消化液的作用下，很快就会被"剪切"为氨基酸，然后才能进入人体的血液系统。

　　为什么我提出"尿疗=水疗"呢？因为起床后即喝500ml水，对人体的健康已经有十分良好的作用。假设从晚上9:00开始不再喝水，直到次日早上7:00起床，在这10h里，肺和皮肤蒸发水量约为（1200/24）×10=500ml（皮肤总蒸发水量1200参照表 2.1-1），晚上及晨早拉尿共约500ml，在这10h里，两者共损失水分约1000ml。少了这1000ml水，人的机体已经"喊渴"了。就在机体"喊渴"之时，尿疗者们第一时间喝尿，连同喝完尿液冲洗口腔的水，带入体内的（尿+水）应该超过500ml。虽然还未补充足晚上损失的1000ml水，但已达到"久旱逢甘露"的效果。

第二节　主笔的"饮水保健法"若干实践

主笔在探索过程中尝到了甜头

　　20世纪末，80多位诺贝尔奖获得者汇聚到美国纽约，研讨 "21世纪人类最重要的课题是什么？"讨论到最后，出乎人们的预料，这些人类精英，智慧之星们的共同结论却是：健康。由此可见，健康已经成为当今人类最重要的研究课题。

通过经营管理企业时得到的启发，主笔是在1990年开始"经营"自己的健康的。本书同时也是我"经营健康"的心得体会。健康其实也是一种资产，若不注意经营，不但会贬值，还会威胁到生命。探索"饮水保健""饮食健康""良性应激"等课题正是我经营健康的一个重要举措。

1. 主笔的肾结石自然消失了

我是20世纪70年代，"一口气喝1360ml水"的饮水健身法的追随者之一。"一口气喝1360ml水"在我身上的第一个效果就是，我当时所患的肾结石居然可以不治而愈。

1971年的某一天，我在早晨排尿时突然出现腹部刺痛，且排出血尿。经医生检查诊断，我的肾和膀胱出现有十余粒绿豆或黄豆大小的结石。当时我选择了中医治疗，医生除了给我开出中药配方外，还开出两个小处方。一个是，每天到田间采摘一些"金钱草"之类的草药煮水喝（当时我还在农村）；另一个则是"无药处方"：每天都要多喝点水。当时正值"一口气喝1360ml水"的饮水健身法席卷全中国。

我采用中医治疗进行了一个多月，金钱草之类的草药煮水喝坚持了约三个月。由于数月都没有再出现过血尿和小便刺痛，草药的治疗也逐步淡忘。唯独那个"无药处方"——每天都要多喝点水，从20世纪70年代开始一直坚持到现在。出现肾结石一年后的体检，我的肾和膀胱那十数粒绿豆或黄豆大小的结石居然消失了。

2. 主笔的血压明显下降

我在本章的第一节已经提到，我从1974年进厂到1991年下海十几年来，在单位每年例行的体检中，我的血压都比中学时代低，低压是70~75mmHg，高压是105~110 mmHg。而中学时代每年体检测量到的血压一般都是125/85 mmHg左右。我在1974年后偏低的血压一直保持到现在。英国医学专家莱温顿指出："**如果将血压稍微降低一点，50%到60%的人能够生活得更健康。**"（《广州日报》2004-03-27）

我的血压能有明显的降低，应该归因于我从1971年直到现在，每天起床后便实行"空腹在1h内分4次喝完1000ml白开水"的"饮水保健法"。

3. 便秘和痔疮消失得无影无踪

俗话说："十男九痔"。我也不能幸免，只是并不太严重，但每月也会出现1~2次。痔疮的发作经常与便秘相继而来，大便后肛门突出一个肿块，总要滴血一段时间。使用栓塞类药物总是治标不治本。自从实施"饮水健身法"后，保持了大便通畅，几十年来这样的烦恼从来都没有再出现过。我大便的速度使我的家人们都感到吃惊，因为我通常都能在2min之内完成。

4. 感冒也减少了

我在20世纪90年代初开始自我经营健康时，就制定了一个简单的目标：把看病频次由每年4次减为每5年1次。这一目标居然在我实行经营健康计划的第一个10年实现了。20世纪最后10年，我只因重感冒看过一次医生。

从2000年开始，我又对自己提出一个更新的目标：把看病频次降为每10年1次。这一目标也已经实现，从2000年到2014年14年间，只因为重感冒看了一次医生。而这次重感冒的出现似乎还带有一点人为的因素：由2005年夏天开始，我摸索着把"牛饮"1L水用冰粒把水温降低到17℃，看看是否对健康更有好处。就在寒冬感冒流行季节里，由于喝进的水温太低，降低了呼吸道的抗病能力而中招。

5. 主笔的医疗保健费用明显降低

表7.2-1是我在"经营健康"前、后的医疗保健费用支出的情况。**从表中可以看到自从我对健康从多方面进行自我经营后，身体**

状况随着年龄的增长，不是走下坡，而是走上坡。健康走上坡，而医疗费用却是走下坡。如果全社会有50%的人能像我一样经营健康，全社会的医疗费用恐怕能减少50%以上。

表 7.2-1 我的医疗保健费用支出情况

	经营健康前	经营健康前期	经营健康后期
时间段	1991年前	1991~2001年	2001~2010年
看病频度	约每年四次	五年一次	十年一次
体检频度	一年一次	二年一次	二年一次
年均看病费用	1600元	80元	40元
年均体检费用	100元	300元	600元
年均保健药费	150元	15元	300元
全年医疗保健费用	1850元	530元	940元
月均医疗保健费用	154元	44元	78元

（注：看病费用400元/次；体检费用1991年前由企业组织，约100元/次，经营健康前期为600元/次，经营健康后期为1200元/次，保健药主要是维生素及微量元素之类。）

主笔妻子的健康曾处于"走投无路"

"高盐少水"是人类自从5000年前把食盐引入食谱后逐渐形成的生活习惯，要改变人类已经形成几千年的生活习惯，是一项十分艰难的事情。只要看一看我妻子对"饮水保健法"的认识过程，就知道这一改变有多难。

我实施"饮水保健法"已经有40多年的历史，我结婚才30多年，因而婚后我妻子每天都目睹我在早晨的时候"牛饮"1L白开水的经过。但是几十年来她对我的"饮水保健法"都无动于衷。虽然她也目睹了我的身体几十年来都在不断地进步，但她只觉得，我喜欢喝水只是一种特殊的"怪僻"，并不以为然。我妻子是在2006年（结婚30周年），在她的健康处于走投无路时才开始接受我的"饮水保健法"的。

1. 三年跛行后，才无奈尝试"饮水保健法"

那是在2003年母亲节的一次登山郊游里，她的脚掌扭伤骨折了。经过一年时间的骨科治疗仍未能完好如初。只要走路超过半小时，她那骨折过的脚就会酸痛难忍，须要坐下休息半小时后才能继续行走。

由于骨科已经完成了接骨的任务，她便转到血管科继续医治。医生的诊断是，因骨折致使骨头偏移，逼窄了血管，加上原来已有的血管粥样硬化阻塞，更是"雪上加霜"。由于血液回流不畅，腿脚部的代谢废物不能及时带走，医学上称之为"间歇性跛行"。如是又在血管科医治了一年。

一年后，由于效果不明显，她不再接受治疗。在没有接受治疗的情况下，又跛行了一年。因一次骨折，我妻子间歇性跛行了三年。最后一年（2005年）同时查出她患有高血压病(血压在150/100 mmHg左右)。

妻子一生最遗憾的是未能去北京一趟。为了还她的一个心愿，我已经作好了买一辆轮椅陪她去北京一游的打算。

转机就在她接受了我的"饮水保健法"的建议上。其实，结婚多年来，我曾多次建议她尝试"饮水保健法"。但她从来都不相信能用这么简单的方法可以健身和辅助治病。经过三年跛行的痛苦后，在一筹莫展的情况下，2006年她终于答应一试。

她使用"饮水保健法"半年后，奇迹居然真的出现了。她正常走路的时间，由半小时延长到1小时，2小时……终于有一天她惊喜地告诉我，"今天我已经能够连续走4小时的路了！"随后去北京旅游时，连续五天，每天步行四五小时，曾经骨折过的脚仍能行走自如。这大概因为已有阻塞的血管经过半年的"饮水保健法"有所疏通的缘故。

2. 同时使血压也恢复了正常

在使用"饮水保健法"半年的时间里，她的高血压也消失了。由原来每天吃2片降压药，实施"饮水保健法"3个月后减为每天1片，5个月后减为每天半片，6个月后取消吃降压药。取消吃药后，每天测量血压3次都处于良好状态。如是跟踪了半年时间。高血压病痊愈后，改为每周（一年后改为一个月）监测一次血压，都能在120/80 mmHg以下的良好状态。

3. 30年的"晕眩"终于迎来了好转的"曙光"

我妻子在大儿子出生后（1977年）得了一个怪病，每周总要因头痛、晕眩、恶心、呕吐，需要卧床2～4天。求治于广州多家大医院都未能根治，只是药物控制，治标不治本。经多种手段检查，结论是神经性偏头痛，加上颈椎骨质增生及动脉粥样硬化，致使经颈部进入大脑的动脉血流量明显不畅，属颈椎性"晕眩"，这样的身体状况一直延续到2006年。

自从2006年在她实施"饮水保健法"开始，我已经看到她的"晕眩"病逐步有所改善。我想，她的颈部动脉血流不畅肯定同时与动脉粥样硬化造成阻塞有关。于是我花了3年时间逐渐加强她的"牛饮"强度和喝水量。5年来，随着时间的推移和"牛饮"强度的增加，她的偏头痛症状也越来越轻。直到2010年，或许3个月才可能有1天需要卧床，每个月只有数天出现轻微的"晕眩"症状。我妻子经历了30年的"晕眩"折磨后，近年来终于迎来好转的曙光。这是她实施5年"饮水保健法"带给她最大的"礼物"。

主笔小儿子的肾结石在手术前消失了

我儿子和我妻子一样，30多年来天天都目睹我在早晨的时候"牛饮"1L白开水的经过。劝他平时多喝水我也不乏苦口婆心，但是几十年来他同样对我的"饮水保健法"无动于衷。这正说明"高盐少水"的生活方式确实牢牢地占据了人类的生活。正是因为喝水过少，我儿子的健康终于出现了问题。

他是在2011年6月21日深夜3点多出现肾绞痛去广州第一人民医院看急诊，急诊进行的两项检验，结果如下：

尿检结果：血尿。

B超检查结果：左侧输尿管怀疑Φ4×9mm的结石阴影，左肾积液。

随即医生便为他办理了住院手续，住院当天再次进行了B超检查。结果与第一次B超检查相同。

两次B超检查都确诊他的左则输尿管存在Φ4×9mm的怀疑结石阴影。医生告诉他，主要原因是喝水太少。这时他才如梦方醒，才开始认识到我的"饮水保健法"确实真有价值。

奇迹却是在我儿子排期轮候冲击波振波碎石的一个星期里出现了。

在那轮候的7天里，他每天早上都实行"牛饮"和增大喝水量。他的喝水量之大，使我大为吃惊，就在肾结石造影检查的前一天，医生开了一些"轻泻剂"给他，并嘱咐他尽量多喝点水。然而他居然在4小时之内喝了3L水。如果不是轻泻剂的作用（部分水随稀便排出），恐怕他会出现水中毒的症状。

由于实施了"牛饮"，他也自觉有沙粒在排尿时排出。

就在冲击波振波碎石前的肾结石造影检查中，奇迹居然出现了。虽然检验师为他进行了6次DR摄影曝光（通常只进行2次），均看不到怀疑结石的踪影。医生也感到惊奇。

我儿子肾结石的"闹剧"，由于实施了"牛饮"，仅用了1个星期，无须手术终于完满结束。

从此，我儿子不再对我的"饮水保健法"不屑一顾了。真是一次患病胜过我30年的"苦口婆心"。现在他早晨已习惯空腹一口气"牛饮"0.5L水，且一天的喝水总量也明显增加了。

本书的第二作者也得益于"饮水保健法"

本书的第二作者是主笔的亲兄弟,他在2011年体检时查出患有高血压,由于他没有张扬,半年后我才知晓。他由于每天早上起床均量得较高的血压,因而起床后要吃2片降压药片,日间还要测量两次血压,根据测量结果,有时还要加服降压药。

兄弟有恙,我理应相助,2012年初的一天早上,我带了一份治疗高血压病的"无药处方"给他,他当即自测了一次血压,是160/110mmHg左右。当天他在半信半疑的状况下开始了"饮水保健法",不过他并没有完全按"处方"去做,而是起床后空腹半小时内分三次喝完1L茶水。

奇迹居然在第一周就出现,他在第一周内已能把服食降血压药片减为一片。第二周后减为半片,一个月后甩掉药片。但他仍每天监测3次血压。

下面是当时我给他开的"无药处方":

预防及治疗高血压的"无药处方"

一、名词解析

1.　"牛饮"——一口气喝完一定量水。

2.　水——本"处方"所指的水为不含三大营养素,如白开水、淡茶。

二、"牛饮"时机

起床后空腹进行,结束后半小时才进食。

三、"处方"

次数	"牛饮"时间(假设)	"牛饮"水量
1	7:00	250ml
2	7:15	250ml
3	7:30	250ml
4	7:45	250ml

（注：可逐步增加饮水量，如开始时只进行1+2，身体适应后增加3，再习惯后增加4。）

四、高血压患者注意事项

1. 在保持服用高血压药的同时实施本"无药处方"。

2. 每天最少进行3次测量血压，做好记录。

3. 视血压下降情况，逐渐减少服药量，直至停药，停药后最少监测血压3个月。

4. 每天食盐量宜减至4～6g，最好是2.5g。

五、本"牛饮"处方的安全性

本处方在起床后分4次"牛饮"，水量合共1000 ml，而晚上人体不感蒸发（呼吸及排汗）带出水量约为500 ml，晚间及早晨排尿量合共约为500 ml，总损失水量等于1000 ml。　因而起床后短时间内喝1000 ml水仅仅是补充晚上人体损失的1000 ml水，因而是安全的。

又有另一位同事，他没有高血压，因而他没有使用"无药处方"，而是在早晨起床后空腹一口气喝完0.5L白开水。不过他在一个月内便把每天喝水量不到2L的饮水习惯逐渐提升到3L/d，而且坚持了下来。他告诉我，他最大的得益是，似乎感冒远离了他。以前他每个月几乎都会犯感冒，改变了喝水习惯后，两年来感冒在他身上都没有发生过。

在我们周围的熟人中，已有十余位高血压患者通过"早晨空腹0.5～1小时内喝1L白开水（或不太浓的茶水）"使血压降到正常，或减少了抗高血压的服药量。

第三节 我们对"饮水保健法"的改进

对"牛饮保健法",大部分专家学者都是持反对意见的。特别是20世纪70年代那次风靡了整个中国大陆的"一口气喝1360ml水"的"牛饮保健法"。这种"牛饮保健法"所到之处,专家学者们就一路"棒杀"。

40多年来,我们在探索"人类饮水与健康"的课题时,找到了以往"饮水保健法"的利弊所在,作了不少改进。我们发现,"饮水保健法"不但能起辅助治病作用,而且能强身健体。希望我们这本书能说服那些反对"饮水保健法"的专家学者们,使他们的观点有所改变。下面是我们对"饮水保健法"的改进。

"牛饮"的定义

所谓"牛饮",字面上的解析是"像牛一样饮水",或一次性大量饮水。而本"猜想"对"牛饮"有一个特定的定义:**"早上起床后,空腹在短时间内分4次,每次一口气喝完250ml,共喝1L白开水。"**这一个定义的制定是为了照顾大多数人的身体状况,特别是老病号和老年患者。下面对这一定义作详细的说明。

1. 对"短时间"的划定

由1～60分钟内均可看作是"短时间"。1971～1974年期间,主笔就曾经实行过1分钟之内喝完1360ml水的"饮水保健法"。1974年后我采用较保守的方法:60分钟内分4次喝完1L水。2000年后我则把"饮水疗法"的程式固定了下来:45分钟之内分4次喝完1L水。

如果1L水在2小时内喝完,完全起不到使"醛固酮↑"和

"ADH↓"的"双激素调节"的作用。我们知道，细胞溶胶有26L，细胞外液有13（其中细胞间液8L，血液5L，还有淋巴液）。所有这些体液都是相通的。如果2h内喝完1L水，这1L水会加权分配到各种体液中，体液中的各种成分及渗透压的变化会比较缓慢。况且，喝水和排尿是一个动态的过程，第一个小时喝的500ml水，到了第二个小时可能已经排得七七八八了。我们定义的"牛饮"要在短时间内完成，目的是使排尿不至于对体液影响太大；同时使这1L水进入体内，对各种体液的影响是血液>细胞间液>细胞溶胶。这样会更有利于达到增加血液容量、降低血液晶体渗透压，从而刺激"双激素调节"的目的。

2. 关于空腹时"牛饮"

所以要采取空腹时"牛饮"，是因为空腹时，消化系统对水的吸收是最快的，可以在5～10分钟时间内把喝进的250ml水吸收入血液循环，从而在短时间内提高了血液的容量。如果在喝水的同时进食，吸收250ml的水的时间恐怕需时超过30分钟，甚至1h。同时，因有食物的消化产生几大营养成分，致使胃排空减慢，会使人体出现胃纳胀满的感觉。

3. 关于"牛饮"的水量

我们把它定为1000ml，主要原因有如下两点：

（1）早晨起床喝进1000ml水对人体来讲是安全的（本节下一标题）。

（2）1000ml水量进入体内，足可以启动增加醛固酮分泌和减少血管升压素分泌的调节，达到"双激素调节"的目的。醛固酮分泌的增加和血管升压素分泌的减少，对身体的不少功能会起到积极的作用。

4. 为什么把"牛饮"安排在起床后

这是因为在晚上的10小时里，不但没有水分的补充，而且还要损失1000ml（汗+尿）水分。这一损失是缓慢进行的，人的机体为了优先保证血液的容量，这1000ml的水分损失，大部分由细胞溶胶来负担，这时人们大都不易感到口渴。但却是人体在一天24h中最缺水的时刻。把"牛饮"安排在人体最缺水的时候是最合理的。

5. 关于白开水

不局限于白开水，只是要求没有几大营养物质，电解质较少的水。应包括各种功能水、纯净水、茶水、离子水、矿泉水等。胃肠对有三大营养的水的吸收速度比较慢，而含电解质较多的运动补充饮料，会影响血液中的电解质成分，两方面都不利于"醛固酮↑"和"ADH↓"的"双激素调节"。

6. 关于一口气喝完250ml水

我们之所以设计每次要一口气喝完250ml水的动作，就是企图保留消化系统对吃进食物的非条件反射。非条件反射由口腔的咀嚼和吞咽食物时，刺激了口腔和咽喉等处的机械和化学感受器及食物的体积和重量对胃的刺激而引起，特别是一口气喝完250ml水对胃的强烈的冲击。这样更有利于增加胃肠的蠕动，更有利于消化道的清洗和粪便的排泄。

早晨空腹"牛饮"1L水的安全性

由于早晨空腹"牛饮"1L水正是补充昨晚人体排出的1L水，因而并不存在危险性。

晚上睡眠时的水分损失包括两部分，其一是肺和皮肤的不感蒸发水分损失，根据表 2.1-1 可知这部分的水分每天的损失约1200ml。假设晚上9:00以后不再喝水，一直到次日早上7:00起床，总共10h，不感蒸发的总水分是：500ml。其二是尿液的水分损失，晚上夜尿和早上起床时的晨尿共约500ml。两项水分损失合共约1000 ml。

在"牛饮"过程中水－尿实测数据

表7.3-1是主笔本人"牛饮"过程的一组实测数据。为了使数据更加明显，实测过程实行的是30min内分4次"牛饮"完1L水，"牛饮"结束1h后，每隔半小时"牛饮"125 ml水，并每半小时测量尿液量一次。

表7.3-1 主笔"牛饮"过程水－尿实测数据（ml）

	时间	喝水	食物水①	排尿	排汗等②	体液＋－③
夜尿	3:00			250		
牛饮	5:30	250		190（晨尿）		+250
	5:40	250				+500
	5:50	250				+750
	6:00	250		98	27	+875
	6:30	125		52	27	+920
	7:00	125		140	27	+878
	7:30	125		175	27	+801
	8:00	125		185	27	+713
	8:30	125		210	27	+602
	9:00	125		185	27	+513
	9:30	125		175	27	+439
	10:00	125		152	27	+385
	10:30	125		260	27	+223
	11:00	125		260	27	+61
	11:30	125		175	27	-16
午餐	12:00		650	190	27	+417
	12:30			95	27	+295
	13:00	125		95	27	+298
	13:30	125		75	27	+321

（续表）

时间	喝水	食物水	排尿	排汗等	体液+-
14:00	125		75	27	+344
14:30	125		63	27	+379
15:00	125		63	27	+414
15:30	125		85	27	+427
16:00	125		85	27	+440
16:30	125		105	27	+433
17:00	125		105	27	+426
17:30	125		105	27	+419
18:00		650	98	27	+944

［注：①正餐的食物水是随食物的消化过程经6h才全部进入体液；②"排汗等"指表2.1-1中的(粪便水+肺及皮肤蒸发水)/48，每半小时平均是27ml；③"体液+-"以早上晨尿后喝水前作为计算起点，晨尿不纳入"体液+-"计算；每一时段的"体液+-"＝上一时段的"体液+-"+本时段的喝水+本时段的食物水-本时段的排尿-本时段的排汗。］

从表7.3-1的数据可以得出如下几个结论：

1. 表中从5:50~8:00这2个多小时对比起床时，体液增加量超过700ml以上，（相当于体液容量增加了2%）对有心脑血管基础病的人恐怕会有一定的影响。如果采取60min"牛饮"完1L水，体液容量增加的数值和维持时间都会缩小。

2. 虽然主笔在白天（5:30~18:00）喝水量已达3.6L（未算食物水），但在11:30体液+-还是出现了一个负数，这从实验数据说明每天喝水2.5~4L确实具有必要性。

3. 上表中"体液+-"只与起床时晨尿后的体液对比，并未考虑晚上损失的1000 ml水量。如果连同这1000 ml水量损失都考虑在内，恐怕"体液的+-"这一栏没有一个正数（即白天都比睡觉前的体液少）。

平时补水的"牛饮"法

所谓平时补水的"牛饮"法就是，"补充水分时一口气喝完一杯（250ml）水"。但餐前半小时和餐后1h不宜用这样的方法补充水分，只宜少量补水，避免影响餐后的消化。

这样的补水法会有其他更多的功能，将在后面章节详加阐述（第十五章第四节有汇总）。

第四节　实施"饮水保健法"不可一蹴而就

水能载舟,亦能覆舟

"载舟"与"覆舟"是"对立的统一"。我们在运用"水能载舟"的时候，不能忽视"水亦能覆舟"；也决不能因"水能覆舟"而不去"载舟"。只有认真地研究"水能覆舟"，才能达到更好的"载舟"的目的。

20世纪70年代"一口气喝1360ml（3磅）水"的发明者只注意了"水能载舟"，没有考虑"水亦能覆舟"。他发明这样简单的"牛饮"方法，使部分人出现明显的副作用，甚至水中毒。因而一开始就遭遇专家学者们一路棒杀。

王豫廉教授的《离子水》一书也没有认真地研究这方面的问题，他教人一天喝6L、8L甚至10L水进行治病，但没有教人怎样喝，可操作性较低。因而也没有得到专家学者们的重视。

医药博士F.巴特曼则过于谨慎小心，本来可以载10个人的"舟"，他只载了5个人。他只教人一天喝2.5L水辅助治病，如果他能教人一天喝3～4L水辅助治病，他的辅助治病本领就会高超得多。

因为大量喝水，本身就存在一定的危险性。我们的《健康新思维（一）》试图使"饮水保健法"成为可操作的和可推广的。希望读者对这一节给予足够的重视。

在人类5000年食盐史中，有3000年是高盐的饮食史。由于食盐是人体内的保水剂，因而高盐饮食必然导致体内高钠状态。人类的机体已经被强迫进入"高盐少水"的生存环境。我们实施"牛饮"，无异于对机体进行一场"革命"，身体的各组织器官都需要对这一场"革命"有一个适应的过程。

老年患者和老病号实施"牛饮"应循序渐进

对我们上面提出的"牛饮疗法"，有健康年轻人在第一天实施时就能在1min之内喝完1L水，也有在半小时内分2次（或3次）喝完1L水的。不过从对身体功能安全的角度出发，我们并不主张用这么短的时间就进入状态（虽然主笔在20世纪70年代也曾尝试过在1min之内喝完1.3L水）。特别是对老年患者和肾及心脑血管老病号，更应该循序渐进，让身体各组织器官的功能逐渐适应。

表7.4-1是主笔的妻子实际的实施方案，供读者参考。

主笔妻子是老年患者和老病号，由于脚部动脉阻塞、血液供应不畅而出现间竭性跛行，经过两年医治无效，共跛行了三年，在一筹莫展的情况下才接受了"牛饮治病"的建议。当时她还有其他血管的基础疾病，如高血压病、颈椎骨质增生压迫颈动脉、动脉粥样硬化、脑部供血受阻及脚部静脉曲张等。因而我设计对她的"牛饮保健法"实施方案，不敢过于急进。她用了9个月时间才完成45min之内喝完1L水的适应过程，而一天总喝水量也只达到2.5～3L，3年之后一天的喝水总量才跳升到3～4L。

表7.4-1 主笔的妻子"牛饮"的实施方案

	时间（假设）	一阶段	二阶段	三阶段	四阶段
空腹"牛饮"	7:00	250ml	250ml	250ml	250ml
	7:15	250ml	250ml	250ml	250ml
	7:30		250ml	250ml	250ml
	7:45			250ml	250ml
	合共	500ml	750ml	1000ml	1000ml
每天总水量		2L	2.5L	2.5～3L	3～4L
实施时间		3个月	6个月	3年	3年后

在实施"牛饮"的过程中，个别人如果出现如下水中毒迹象应退回到前一个阶段：如眼睑或脚踝水肿、视物疲劳、眼压增高、思维迟钝等。

"牛饮"的禁忌

从上一小节我们已经了解到，在实施"牛饮"时须要让身体各组织功能逐渐进入适应状态，但是如下的几种情况属于"牛饮"的禁忌，不能轻率进行，而应循序渐进，逐步加量（参考表7.4-1）。

1. III期原发性高血压患者

原发性高血压III期在医学上是这样定义的：血压达到确诊高血压标准并有下列各项之一。① 脑血管意外或高血压脑病；② 左心心衰；③ 肾功能衰竭；④ 眼底出血。亦即高血压III期病患者已经在心、脑、血管和肾等组织出现器质性病变。这些病变组织已经不能经受短时间内"牛饮"1L水的冲击，使用"牛饮"这样的"矫枉过正"辅助治疗手段很可能对病变组织产生更大的伤害。

2. 肾功能衰竭患者

由于已经衰竭的肾功能，很难在短时间内完成1L水的排泄，水被滞留于体液中，不但血压升高，更容易出现眼脸水肿等水中毒症状。

3. 心力衰竭患者

心力衰竭患者实施"牛饮"，无异于"快鞭抽病牛"。

4. 严重的血管硬化症患者

由于血管已经严重硬化失去了弹性，如果实施"牛饮"，在短时间内增加血液容量，不但逼高血压、增加心脏的负荷，而且更容易造成脑血管意外和眼底出血。

5. 肝硬化患者

肝硬化患者同样不能进行正常的水代谢，如果患者喝水过多，同样会出现水中毒的症状，等等。

第五节　综述各器官对"牛饮"的适应性

"高盐少水"已成为现代人普遍的生活方式，人们体内的各组织器官虽然并不满意"高盐少水"的生存环境，但是也被迫作出适应性的改变。我们提出"少盐多水"的生活方式，增加喝水量其实是"拨乱反正"，"牛饮"更是"矫枉过正"。不管是"拨乱反正"，还是"矫枉过正"，都破坏了机体内各组织器官已经习惯了的生存环境，各组织器官必然存在一个调整和适应的过程。

消化系统的适应

"牛饮"的1L水进入体内的第一站就是消化系统，水从口腔—食管—胃—十二指肠—小肠—大肠，一直往下送。如果每次250ml的水是一口一口地喝下去，缓慢地进入胃肠，这时消化系统不会出现过于强烈的反应。但是如果每次把250ml的水一口气喝完，它相当于一碗米饭的体积和重量。这时，由于消化系统还没有对"牛饮"

完全适应，会引起胃肠液、胆汁及胰液的强烈分泌，以及胃肠的舒张、收缩、蠕动、排空等运动，容易出现胃肠不适。遇到这样的情况，应从"多口喝"开始（例如在20min内由开始时10口喝完，逐渐缩减为8口、6口……），使消化系统有一个适应过程，最后缩短为一口喝完。

当消化系统适应了每次一口喝完250ml水的时候，消化系统对喝进250ml水就会作出重新的调整，各种消化液的分泌及胃肠运动有所减弱。水在胃的滞留时间会缩短，排空会加快，胃肠不适就会消失。

心血管的适应

"牛饮"的1L水进入体内的第二站就是心血管系统。由于"牛饮"是在空腹进行，且喝进的是没有三大营养素的水，每次喝完250ml水会在5~10min之内由胃肠吸收入血。血液容量在"牛饮"过程中会增加2%~3%。

血液容量在短时间内增加2%~3%，对健康人不会有太大的影响。毕竟补充的这1L水，是昨晚人体损失的那1L水，但是对于有严重心脑血管疾病及肾功能较差的患者，很可能是致命的。如果血管的容量不跟随血液容量的增加而增加，血管的阻力就会增大，血压就会升高，心脏的负荷也会加重，这主要发生在严重的血管硬化症患者。

值得庆幸的是，对大部分人的心血管的容量可在较大的范围内变动。例如肺毛细血管全部舒张时，能容纳500ml血液，又如孕妇血浆容积比怀孕前，可增加45%。并且在"安静状态下，骨骼肌在同一时间内只有20%左右的真毛细血管处于开放状态"。（《人体机能学》[5] P173）当血液容量增加时，真毛细血管开放的比例会相应地增加。

由上面的分析可知，"牛饮"的过程，就如同进行一次"血管操"一样。对这样的"血管操"，人体不是一下子就能适应。所以，我们提出"牛饮"采取逐渐加强的办法，就是希望"血管操"的强度由小到大，使人的机体逐步适应。达到血管舒缩自如，血液与组织液之间的水分吞吐如常。

肾功能的适应

"牛饮"1L水后，这1L水约在2h内通过肾脏排出体外，肾脏的排水和保钠功能需要在短时间内得到加强。肾功能主要从如下几个方面作出调整。

1. 肾小球有效滤过压有所提高

"牛饮"1L水后，血浆胶体渗透压会跟随血浆总渗透压的下降而变小，"血浆胶体渗透压降低，则有效滤过压和滤过率增加，尿量增多"。（《人体机能学》[5] P268）

2. 血管升压素（ADH）分泌受到抑制

"牛饮"1L水后，血浆晶体渗透压下降，循环血量增加，这两方面的改变均使得ADH分泌受到抑制，肾对水的重吸收减少，尿量增加（参阅表6.1-1）。

3. 醛固酮的分泌量增加了

"牛饮"1L水后，血浆晶体渗透压下降，血钠也跟随下降，可直接刺激肾上腺皮质球状带使醛固酮分泌增加，促进肾脏对Na^+的主动重吸收增加，肾排Na^+减少（参阅表6.1-2）。

由以上三点可知，不管是肾小球有效滤过压提高，还是两种调节激素分泌量的调整，对肾脏的功能都存在一个适应过程。特别是对于有肾功能障碍的人，当肾排泄不畅时会出现如眼睑或脚踝水肿、视物疲劳、眼压增高、思维迟钝等水中毒现象。

第六节 增加总饮水量同样有一个适应过程

如同身体功能对"牛饮"存在一个适应过程一样，增加每天总的饮水量也同样有一个相似的适应过程，这里不再赘述，同样不可一蹴而就。表 7.6-1 给读者提供一个逐步增加饮水量的参考实施方案。

5000年前，自从人类引入了食盐后，人类起码有近3000年的"高盐少水"的饮食习惯。现在要改变这种饮食习惯，需要有一个逐步调整和适应过程。由于亚健康的人群占了60%，患有基础疾病的人群约占20%。喝水总量也不一定非要达到最高的4L/天不可。**如果每天喝水量从1.2L/d增加到2.5L/d，你的身体功能就已经会有很大的改善。**前面已经谈到，医药博士F.巴特曼（《水是最好的药》[10]）就是教人喝水2~2.5L/d辅助医治了3000多个病人的。

表 7.6-1 健康人增加饮水量的参考实施方案

序号	总喝水量（L/d）	过渡时间
1	2	即时
2	2.5	1个月
3	3	1个月
4	3.25	1个月
5	3.5	1个月
6	3.75	1个月
7	4	

第八章　水－盐摄入与高血压

　　根据病因，通常将高血压分为原发性高血压和继发性高血压两大类。前者是指由动脉粥样硬化而以血压升高为主要表现的一类独立的疾病，又称为原发性高血压病，约占90%。后者其血压升高只是某种疾病的一个症状，又称为症状性高血压，约占10%。本文论及的主要是原发性高血压。

　　本文主要介绍对部分原发性高血压病，可以通过"牛饮"和"少盐多水"的生活方式达到避免和辅助治疗，或减少用药量的效果。不过，对高血压病的患者，在采用"饮水保健法"辅助治疗的过程中，还是须要用药来调整控制血压。只是随着血压逐渐恢复，药量可以减少，直到为0。这个过程很可能需要十天、数月、半年，甚至更长时间。在治疗高血压过程中，除了"少盐多水"外，同时还应纠正过多的营养摄入，这方面将在《健康新思维（二）》论述。

第一节　高血压病的流行状况

　　2007年初，由瑞典卡洛林斯卡大学医院的简·奥斯特格伦和伦敦经济学院以及纽约州立大学的专家一起撰写的一份报告指出，全球已有10亿人口患有高血压病，到2025年之前，全球将有15.6亿人口患有高血压。报告作者之一的迈克尔·韦伯指出：在美国，高血压影响人群多达7200万，相当于美国成年人人口的1/3，非洲裔美国人患高血压的比例为40%；英国、瑞典以及意大利的高血压人群占到总人口的38%；西班牙的这一比例为45%；德国的则为55%。（注：以上百分数均为在18岁以上人群统计。）（摘录自《广州日报》2007-05-16）

根据2005年中国卫生部组织的我国居民营养与健康状况调查，中国18岁以上居民高血压患病率为18.8%，这是一个相当高的比例，比1991年的调查数据增加了31%。而且每年还新增300万高血压患者。（《广州日报》2005-10-16）

从以上数据我们惊奇地发现，高血压病已经成为发达国家和富裕地区严重的流行病，在中国，特别是城市，高血压病同样被划入流行病的范畴。

高血压具有高患病率、高致残率、高死亡率的"三高"特点。在威胁人们生命的急症中，最可怕的是脑率中和急性冠心病，这些急症的死亡率极高，然而，高血压正是它们发病的最重要因素。除此以外，高血压还会引起严重的肾功能衰竭、左心室肥大、动脉硬化、猝死等，是破坏心、脑、肾器官的"无形杀手"。高血压已经成为人类死亡和病残的主要原因之一。

第二节　高血压病的进化因素

血管的收缩与舒张

多细胞动物进化的结果，出现了体腔。体腔的出现，扩大了细胞生存的"海洋"。这一阶段的动物原型正是现存的腔肠动物。中心的体腔进化为动物专司消化的肠管。其他的体腔伸出一些管道，为细胞输送体液，这些体液只有一种，全部都是细胞间液。有了体液的主动输送，动物的细胞数量便可以不断增加，这时动物就开始由微观逐渐变为宏观。这些体腔和管道，便是较高等动物消化系统和循环系统的原型。它们的动力来源，是体腔壁和管道壁肌肉的收缩与舒张。这正是人类的消化管与血管具有自我收缩和舒张功能的基础。

从软体动物、圆口类、鱼类、两栖类、爬行类、鸟类和哺乳类的演化过程中，体液循环是由单纯的管道输送进化到以心脏泵作为动力再加上管道的输送系统，是一个逐步完善的过程。直到最高等的动物——人类，仍然保留了心脏泵输送和血管收缩与舒张的双重体液输送的功能。**这种心脏泵与血管收缩与舒张的体液输送功能如果出现异常收缩的状态时，便会引起原发性高血压病。**

血管的增生与修复

关于心脏的增生与修复，在专家学者中存在较大的争议。但是对于血管的增生与修复，已经是不争的事实。

文学军博士在《生命科学专辑》发表过一编文章《组织工程：步入再生医学的新时代》（《生命科学专辑》[13] P55）。在这篇文章中，他提到"在健康组织中，为了维持细胞生存，从实质细胞到血管的最长距离是少于100μm的。"（《生命科学专辑》[13] P64）（100μm＝0.1mm）"研究显示，没有血管供应营养，一块体积超过几mm³的组织难免中心坏死。"（《生命科学专辑》[13] P70）"如果某部位有生成新血管的需求，如组织缺氧，血管生长因子的浓度就会高于正常值，从而引起对这种因子的灵敏度增加，现存血管可能会舒张，或者相邻的内皮细胞接触抑制减少。这样内皮细胞、外膜细胞和血管肌肉细胞就会增殖进而形成管状结构。"（《生命科学专辑》[13] P71）人类组织成分的增加（如肌肉、脂肪等），都需要血管的增加作为支持。即使是肿瘤，里面也布满血管。

所有这些都说明，组织细胞的增生与修复必然伴随着血管的增生与修复。**由生物进化过程中形成的血管增生与修复，在一定的条件下会造成血管改建（管壁增厚、管腔变窄），从而引起高血压病的发生。这又是高血压病的生物进化因素之一。**

循环系统的应激反应

"物竞天择，适者生存"，这是自然选择的法则。动物自从演化出有头类，出现视觉器官开始，"恐惧"、"逃跑"便成为适者生存的技能。当遇到比自己强大的动物时，能够产生由恐惧而引起的应激反应，并作出逃跑举动的物种，才能在自然选择中得以留存。循环系统的应激反应正是在"恐惧"、"逃跑"这样的自然选择过程中形成的。

为了应付应激时的高负荷运转，循环系统进化出强大的功能储备：应激时"心率的最大变化约为静息时心率的2倍。充分动用心率贮备，就可以使心排血量增加2~2.5倍"。（《人体机能学》[5] P159）

交感中枢的应激反应，是速度最快的应激反应，它可在零点几秒的时间内，调动身体的各项功能应对危机的到来。"交感中枢兴奋，血浆儿茶酚胺浓度增高，使心率加快，心肌收缩力增强。同时外周小动脉、微动脉等阻力血管收缩，外周血管阻力提高，有利于提高和维持血压。由于各脏器血管对儿茶酚胺反应的敏感程度差异很大，故使脏器之间发生血流重分配。"（《人体机能学》[5] P374）

当然，循环系统的应激反应不限于交感中枢的调节，还有内分泌的激素调节，它们对循环系统形成一个复杂的应激反应系统，这里不再赘述。

综上所述，动物在进化过程中形成的循环系统应激反应功能，本来对动物的生存具有积极的意义，然而，事物总会在一定的条件下向相反的方向转化。

对于现代人来说，循环系统的应激反应，便在"高盐少水"的生活方式下容易转化为人们患上高血压病的又一个进化因素。

直立行走使人类血压更提高了

人体在平卧位与直立位两种状态下的血压是有差异的。我们实际测量过，直立位的血压比平卧位的血压高约30mmHg。这是由于地球重力对血压有一定的影响的缘故。"血液的重力作用的大小等于血液密度、重力加速度及与心脏垂直距离三者的乘积，约为0.77mmHg/cm，这就是说，当血管与心脏相距（垂直距离）1cm时，其血压比与心脏处于同一水平时要升高或降低0.77mmHg。"（《人体生理学》[6]P123）

由于人脑是最重要的器官，人的头部需要有90mmHg的血压才能保证大脑正常的血液供应。如果人处于四肢爬行状态，这时由于心脏与头部处于同一高度，左心室的收缩压只要有90mmHg左右就可满足大脑的血液量要求。由于人实际上处于直立行走状态，这时头部比心脏高出50cm，左心室的收缩压就必须增加50cm的压力差（0.77mmHg/cm×50cm =38.5mmHg），才能保证头部有90mmHg的血压，亦即左心室的收缩压必须增加为90+38.5=128.5mmHg。也即是说，人类因直立行走，血压被迫提高了38.5mmHg。

南京地质古生物研究所陈均远研究员说过，人类原来是爬行的，直立行走导致心脏负荷一下子加大："四肢动物患高血压病的现象十分罕见，比如爬行动物得心脏病的可能性就非常小。但是灵长类动物的人和猿中则很普遍，原因就是灵长类动物具有竖立行走能力的特点。"［《现代快报》（南京）2010-02-22］由此可见，人类的直立行走又成了人类患上高血压病的一个进化学因素。

　　高血压病的进化因素不限于上述四方面，这些因素已经深埋于人体每一个细胞的基因内。也就是说，每一个人都存在高血压病的遗传基因，只是或多或少，或轻或重的问题。只要外界条件适合，高血压病就会显现出来。

第三节　高血压病的发病机制

高血压发病机制综合分析

　　对原发性高血压，樊小力在《人体机能学》[5]中有如下两段陈述：

　　"原发性高血压是一种多基因遗传病，其原发紊乱在于一系列基因的异常表达，呈遗传易感性与环境因素相结合的发病模式。"（《人体机能学》[5]P212）

　　"与高血压发病有关的环境因素主要是多种营养因子失衡及生活方式改变。如①钠摄入量相对或绝对过高；②钾或钙摄入量减少；③精神紧张与心理压力过重；④体力活动减少；⑤肥胖；⑥吸烟及饮酒等。"（《人体机能学》[5]P213）

　　图8.3-1引用自樊小力的《人体机能学》，他把引起动脉血压升高的基本机制都列于图中。

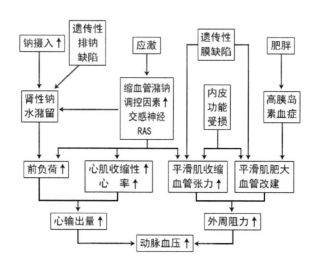

图 8.3-1 血压升高的基本机制

（《人体机能学》[5] P213）

　　为了更加清晰，我们把引起高血压病的各种因素列于表 8.3-1。表中的"喝水过少"是我们加上去的。我们注意到，当前人们在探讨高血压的发病机制时，只注意到食盐对高血压发病的影响，而没有同时把喝水量加进去，因而很难得出精准的结论。其实高血压的发病最重要的机制之一是"高盐"与"少水"共同作用的结果。

表 8.3–1 引起高血压病的各种因素

（整理自《人体机能学》[5] P212）

基因因素		肾排钠缺陷
		肾滤过面积减少
		细胞膜离子转运缺陷
生活方式	交感神经活动增强	精神紧张与心理压力过重
		精神应激与情绪激动
		焦虑
		脑动脉粥样硬化
	饮食与运动	高盐饮食
		低钾（或钙）
		（喝水过少）
		高糖饮食
		体力活动减少
		吸烟及饮酒
		营养过剩（肥胖）
基因与生活方式共同作用		肾压力利钠机制重调定
		高尿酸血症
		高胰岛素血症
		血管内皮功能受损

引起高血压的主因与次因

　　人类之所以需要演化出高血压的基因，是因为如果人类没有这样的基因，就不可能在危急的关头调动身体各组织器官的功能加以应对，就有可能被其他物种所淘汰。现代人如果没有高血压的基因，他们应对生活和工作压力的能力就会大大减弱，在与同类竞争异性的过程中就会败北，他们留下后代的可能性就会减少，因而这部分人的基因也会淹没在具有高血压基因的人群中。所以留存下来的每个人，都存在高血压的基因，只是易感程度的大小不同而已。我们不能奢望把人类的高血压基因剔除掉。现在有些专家企图把某些人群的高血压基因删除（或限制），那是很危险的，这些人势必会出现另外的身体（或生存）问题。

虽然基因因素是引发高血压的内因，生活方式是引发高血压的外因。但是内因必须在外因的作用下才能显现出来。毛泽东在这方面就有一段精辟的陈述："唯物辩证法认为外因是变化的条件，内因是变化的根据，内因通过外因而起作用。"（《矛盾论》[14] P302）就如受精的鸡蛋（内因），如果没有适当的温度条件（外因），是怎么也孵不出小鸡来的。从表8.3-1中我们也看到，引起高血压病的诸多因素中，生活方式的因素是最多的。我们把这个哲理引伸到高血压病，得出的结论就是，只有人们在不良的生活方式（外因）下，高血压的基因（内因）才能被激发起来，出现异常表达，形成高血压病。我们要想不得高血压病，就只有改变我们的生活方式。通过改变不良的生活方式，达到限制高血压基因表达的目的。

在由不良生活方式引起高血压病的各种因素中，也存在主次之分。我们总觉得还是要抓住"牛鼻子"（农民因牵住牛的鼻子而控制住比人重好几倍的牛）："在复杂的事物的发展过程中，有许多的矛盾存在，其中必有一种是主要的矛盾，由于它的存在和发展规定或影响着其他矛盾的存在和发展。"（《矛盾论》[14] P320）

引发高血压病的"牛鼻子"是什么？我们的看法主要有如下三方面（按主次排序）：

1. 高盐少水；

2. 高糖饱食；

3. 精神应激。

只要紧紧抓住了这三个要因，引起高血压病的其他因素就会被掩盖起来。只要处理好第一要因，第二、第三要因同样也会得到缓解。〔引发高血压的，第二、第三要因，我们将分别在《健康新思维（二）》、《健康新思维（三）》陈述。〕

近百年来人类高血压的发病率不断攀升，完全是由于前两个因素推波助澜的结果。

第四节 "高盐少水"如何引发高血压？

何志谦在《人类营养学》有如下的评述："食盐过量与高血压病的关系在流行病学上已有论证。""总之，有根据将高血压归之于钠的摄入量过高，但要继续取得证据。"（《人类营养学》[4] P278）说明在关于食盐过量造成高血压病的问题上，专家学者们仍有争议。

关于盐与水在引发高血压病方面属主属次，我们觉得水和食盐同样重要，"高盐"只有在"少水"的情况下，才有可能成为原发性高血压病的引发因素。

下面我们将首先论证，"高盐少水"的生活方式是怎样成为原发性高血压的因素的。

"高盐少水"致使血液的Na^+浓度偏高

何谓"高盐少水"？按照中国人群每天的平均食盐量为11g，连同固体食物含食盐1g，总摄入食盐量为12g/d，为之"高盐"（表1.1－1）。较多人的喝水量为1.2L/d，连同食物带入水及代谢水（1.3 L/d），总摄入水为2.5 L/d，为之"少水"（表2.1－1）。在"高盐少水"的生活方式下，总摄入的水/盐＝2.5L/12g。下面我们将按这一水/盐进行计算。

在计算之前，我们作如下的假定：

①某人血钠的调定点为140 mmol/L（正常人体血钠的调节范围在135~145 mmol/L，每个人都有一个调定点）。即是说，如果血钠偏离调定点，人体会通过肾功能，把血钠重新拉回到调定点（但需要一定的时间，例如4~6h）。

②人体的总体液39L，其中细胞溶胶26L，细胞外液13L（其中血液5L，细胞间液及淋巴液共8L）。

③人体进食的水–盐在7:00~21:00（14h）平均进入体内。

由于进食的食盐主要分布在细胞外液中，而进入体内的水分则按细胞内外液的水容量比例进行分布，也即喝进的水在体液平衡后只有13/39=1/3进入细胞外液中。

以总摄入的水/盐＝2.5L/12g进行计算，其中12g食盐主要进入细胞外液，而进入细胞外液的水则只有2.5/3＝0.83L。下面是计算过程：

①把12g食盐中的钠折算为毫克当量（mmol）：

12 × 1000 × 0.4/23=209mmol

（注：1000——由克转换为毫克；0.4——食盐中钠的含量；23——钠的原子量。）

②进入细胞外液的12g食盐和0.83L水组成溶液，其中钠的毫克当量浓度（mmol/L）为：

209mmol/0.83L=252mmol/L

〔注：mmol/L＝(mg/L)×原子价/原子量（或分子量）。表示毫克当量浓度。相同的mmol/L具有相同的原子数（或分子数)，即具有相同的化学反应能力。〕

从这一计算结果可以看到，在"高盐少水"的生活方式下每天进入血液中的盐水浓度为252mmol/L，几乎是血钠控制指标的2倍（252/140=1.8）。这样的盐+水浓度进入血液循环系统，不可能使血钠降低，只可能使血钠升高，必然使血钠的浓度经常处于超过调定点的状况。

结论是：在"高盐少水"的饮食下，血钠含量大部分时间会维持在135~145mmol/L（空腹）较高的位置。血钠浓度的提高，将从如下几个方面激发起人体高血压基因的异常表达。

血管升压素（ADH）的异常排放

"在正常安静状态下，经常有少量ADH释放，以维持远曲小管和集合管对水的重吸收。引起ADH释放的最有效刺激是血浆晶体渗透压的增高和循环血量的减少。"（《人体机能学》[5] P273）"高盐少水"的饮食是怎样使血管升压素出现异常排放？而血管升压素的异常排放又是怎样形成高血压的因素呢？我们将从如下三方面进行分析：

1. 血浆晶体渗透压增高

引起ADH的合成和释放增加的一个原因是血浆晶体渗透压增高（表6.1-1）。

从上面的计算结果得知，"高盐少水"的饮食方式使人体的血钠在一天中大部分时间都大于（等于）140 mmol/L（假设上升为145 mmol/L），这时血浆晶体渗透压即增加了

（145-140）× 2/3=3.3 mmol/L（注：2——食盐里面还含有与钠等量的氯；1/3——细胞外液只占总体液的1/3。）

"在下丘脑视上核周围区域有晶体渗透压敏感神经元，通常称为渗透压感受器。它对周围渗透压的改变非常敏感，只要血浆晶体渗透压改变1%~2%，就可被感受。血浆晶体渗透压升高时，对渗透压感受器的刺激加强，可使ADH合成和释放增加……"（《人体机能学》[5] P273）

1%的血浆晶体渗透压是多少呢？"人体内血浆的渗透压约为300 mmol/L……其中绝大部分为晶体渗透压，胶体渗透压仅为1.5 mmol/L。"（《人体机能学》[5] P137）由此，我们可以得知，

1%的血浆晶体渗透压小于3mmol/L。得出的结论是，"高盐少水"的饮食方式使血浆晶体渗透压的增加值（3.3 mmol/L）超过了血浆晶体渗透压的1%，致使ADH的合成和释放增加。

同时，在"高盐少水"的饮食方式下，一整天里的血浆晶体渗透压都没有可能下降到低于血钠平衡点1%（即血钠降至135.5 mmol/L）的水平。因而"高盐少水"的饮食总是促使ADH合成和释放增加，而没有出现抑制ADH合成和释放的体液渗透压环境。

2. 循环血量减少

引起ADH的合成和释放增加的另一个原因则是血液容量的下降（表6.1-1）。

我们知道，从晚上9:00到次日早上7:00起床，共10h，人体水分损失合共约1000ml（汗+尿），从而形成了人体在早上起床时是一天中最缺水的时刻。人们在"高盐少水"的生活方式下，根本没有形成起床后即补充1000ml水分的习惯。而晚上体液损失的1000ml水分需要从白天总摄入的2500ml水中用其中的1000ml水逐渐补回。

在白天，肺的呼吸及皮肤的不感蒸发每小时还要带走54ml水分（表7.3-1），在整个白天的14h内共计带走756ml不感蒸发水分。同时白天为了清除体内废物，肾脏每时每刻都有尿液产生，白天总摄入的2500ml水仅余下800ml形成白天的尿液。

从上面补充水（2500ml）与损失水（765ml +800ml≈1500 ml）的分析中可知，早上所缺的1000ml很可能要到晚上9:00才能完全补充回去。因而"高盐少水"的饮食总是使体液处于较低的水平，从而使循环血量亦总是处于较低的水平。

左心房和胸腔大静脉均有容量感受器。当血量减少时，容量感受器会促使ADH的合成和释放增加，从而使尿量减少，以保留较多的水分。

3. 血管升压素（ADH）是最强的缩血管物质

"血管升压素可作用于血管平滑肌的相应受体，使血管收缩，是已知的最强的缩血管物质之一。"（《人体机能学》[5] P183）血管是不可能塌陷的，它必须保持充盈状态，血管升压素促使血管收缩，正是使血管保持充盈状态的调节激素。

人们在实行"高盐少水"的饮食方式时，由于细胞外液钠的含量（当然包括血钠）总是大于及等于调定点；同时，血液容量总是处于较低的水平。两方面都促使血管升压素出现异常排放，因而造成体内血管升压素的浓度必然保持在较高的水平上，致使血管总是处在高度紧张的状态。这是"高盐少水"引发原发性高血压病产生的机制之一。

血流阻力增加

从上一小点的陈述中我们已经得知，"高盐少水"的饮食方式会造成人体总体体液的下降，从而也造成血液容量的下降。血液容量下降主要是因水分减少造成，而溶质的总量不降反升（食盐量增加了），红细胞的比容也因水分减少随之增大。"血液的黏滞度主要决定于红细胞比容，红细胞比容愈大，血液黏滞度愈高。"（《人体机能学》[5] P169）同时，血管必须保持充盈状态，在血液容量下降的状况下，血管的直径也必然减少。血液黏滞度的提高和血管直径的减少正是造成血流阻力增大的主要原因。

"血流阻力与血管半径、血液黏滞度密切相关，它们的关系可用下式表达：

$$R = 8\eta L / \pi r^4$$

式中L为管长，η 为血液黏滞度，r为血管半径，π 为圆周率。一般血管长度变化很小，因此，血流阻力主要由血管半径和血液黏滞度所决定。"（《人体机能学》[5] P169）

式中可以看到，血流阻力（R）与血液黏滞度（η）成正比，与血管半径（r）的4次方成反比。由此可见，血液容量对血流阻力的影响之大。而动脉血压与血流阻力的关系如下式：

"BP=CO×PR。因此动脉血压（BP）控制，是通过对心排血量（CO）和外周阻力（PR）两个基本因素的调节而实现的。"（《人体机能学》[5] P211）

从上式可知，动脉血压与外周阻力成正比，血流阻力增加正是"高盐少水"致使原发性高血压病产生的机制之二。

肾素－血管紧张素系统的异常表达

从上一小点的分析了解到，"高盐少水"的饮食方式会使血管的血流阻力增加，血流阻力增加不但逼高了循环系统的血压，而且造成肾脏供血不足。

"当肾脏供血不足时，肾近球细胞合成并分泌肾素进入血液循环，作用于血浆中的血管紧张素原，使之转变成血管紧张素I（10肽）。在肺血管内皮细胞表面的血管紧张素转化酶的作用下，血管紧张素I转变成血管紧张素II（8肽）。后者在血浆和组织中的血管紧张素酶A的作用下转变为血管紧张素III（7肽）。"其过程如图6.1-1。（《人体机能学》[5] P182）

"血管紧张素II是一种高活性的升压物质，它的具体生理作用有：①它能使全身微动脉收缩，外周阻力增加，血压升高；使静脉收缩，回心血量增加；②可作用于交感缩血管纤维末梢上的接头前血管紧张素受体，使交感神经末梢释放递质增多；③还可作用于中枢神经系统内一些神经元的血管紧张素受体，增强交感缩血管的紧张性；④使肾上腺皮质球状带释放醛固酮，后者可促进肾小管对Na^+和水的重吸收，使血量增加。"（《人体机能学》[5] P183）

从以上的分析，我们已经得出"高盐少水"的饮食方式最终造成血流阻力增加。致使肾脏供血不足，从而刺激肾近球细胞合成并分泌肾素进入血液循环，造成肾素-血管紧张素系统的异常表达，循环系统中的血管紧张素II的浓度异常增高，从而造成血压升高。这就是"高盐少水"致使原发性高血压病产生的机制之三。

（注：血管紧张素与血管升压素是两种不同的激素。）

心肌和小动脉平滑肌反应性增大

对小动脉平滑肌的作用，樊小力在《人体机能学》是这样描述的："小动脉和微动脉的管径小，对血流的阻力大，称为毛细血管前阻力血管。微动脉管壁富含平滑肌纤维，后者的舒缩活动可明显地改变血管口径，从而改变血流的阻力和所在器官组织的血流量。"（《人体机能学》[5]P168）这正是循环系统对血流形成阻力最关键的部位。

所谓小动脉平滑肌的反应性增强就意味着在相同的刺激下，小动脉平滑肌的收缩性更强，循环系统的阻力更高，血压因而就被迫提高。

心肌的反应性增强就意味着心率加快，收缩力增加，泵血量加大，在相同的血管阻力下，血压被迫提高。

心肌和小动脉平滑肌的反应性其实质是心肌和小动脉平滑肌细胞的兴奋性。

由于"高盐少水"的饮食使细胞间液的Na^+浓度提高，它是通过如下两个方面使心肌和小动脉平滑肌细胞的兴奋性增加的：

1. 从第四章第三节我们已经获知，细胞的兴奋性依赖于细胞间液的Na^+迅速流向细胞内。当细胞间液Na^+浓度增加从而使细胞外Na^+的浓度势能也随即增加，当细胞受到外界刺激发生兴奋时，去极相变化就会加速且锋值提高，亦即细胞的兴奋性提高（图4.3－1）。

2. 从第三章第三节也得知，随着细胞外液Na^+浓度的提高，Na^+的"静息电流"就会增加，Na^+-K^+泵负荷随之提高，这就意味着细胞内Na^+浓度相应提高。（只有细胞内Na^+浓度较高或细胞外K^+浓度较高时，Na^+-K^+泵才会启动）"小动脉平滑肌细胞内Na^+增多，通过Na^+-Ca^{2+}交换，细胞内Ca^{2+}浓度升高，平滑肌的反应性增强。"

（《人体机能学》[5]P214）心肌细胞亦然。

心肌和小动脉平滑肌的反应性增大即为"高盐少水"致使原发性高血压病产生的机制之四。

交感神经活动增强

樊小力在《人体机能学》提到："高盐饮食也可使交感神经活动增强。"（《人体机能学》[5]P214）他还指出："血管紧张素II是一种高活性的升压物质，它的具体生理作用有：……②可作用于交感缩血管纤维末梢上的接头前血管紧张素受体，使交感神经末梢释放递质增多；③还可作用于中枢神经系统内一些神经元的血管紧张素受体，增强交感缩血管的紧张性；……"（《人体机能学》[5]P183）从上面第4标题的分析可以知道，"高盐少水"可使肾素－血管紧张素系统（RAS）出现异常的表达，产生更多的血管紧张素II，从而使交感神经活动性增强。

"目前一般认为至少在部分高血压患者中，交感神经活动增强是高血压的始动因素。交感神经系统活动增强可通过多种途径使血压升高(图8.3-1)。"（《人体机能学》[5]P214）

交感神经对心血管的效应主要使心肌细胞和血管平滑肌细胞收缩为主。交感神经活动增强就意味着心脏和血管的收缩效应增加，亦即意味着血压提高。这正是"高盐少水"致使原发性高血压病产生的机制之五。

血管内皮细胞功能受损

"内皮细胞通过它所产生的扩血管因子和缩血管因子实现血管张力的调控。其中最主要的是内皮素（ET-1）及内皮依赖的舒张因子（NO——一氧化氮）。"（《人体机能学》[5]P217）

1. 缩血管因子——内皮素（ET-1）

内皮素（ET-1）使细胞内Ca^{2+}增高而引起血管平滑肌收缩，是已知的最强大的缩血管物质。促使内皮素（ET-1）基因表达增强的因素有：

（1）血流切应力（《人体机能学》[5]P217）

在"高盐少水"的饮食习惯下，血液容量必然下降，造成血管半径缩小，血液黏滞度增加，血流阻力增大。一般情况下，血液流量由人体生理功能决定。在血液流量大致固定的情况下，血液的流速与血管半径的平方成反比。在血管半径缩小的情况下，血液的流速就会增大。流速愈大，血流对血管内皮的切应力的增加就愈大。从而使内皮素（ET-1）的基因表达得到增强。

（2）血管紧张素II、血管升压素等（《人体机能学》[5]P217）

从上面2标题和4标题的分析亦已获知，在"高盐少水"的饮食习惯下，致使ADH（又叫血管升压素）和血管紧张素II释放异常增加，都使内皮素（ET-1）的基因表达得到增强。

2. 扩血管因子——NO（一氧化氮）

下面我们再来分析在"高盐少水"的饮食习惯下，内皮依赖的舒张因子（NO）的变化情况。

内皮依赖的舒张因子（NO）的作用与内皮素（ET-1）刚好相反，它使胞浆内Ca^{2+}浓度降低而引起平滑肌舒张。促使内皮依赖的舒张因子（NO）基因表达减弱的因素有：

（1）内皮细胞的张力减小（《人体机能学》[5]P217）

在"高盐少水"的饮食习惯下，细胞含水量下降，会出现彤缩现象，张力就会下降。内皮是最先接触高渗透压的血液的，内皮细胞内的水分会跑到血液里用以平衡渗透压，彤缩的反应会更加明显，张力的下降会更加显著。内皮细胞张力的下降会使内皮依赖的舒张因子（NO）基因表达减弱，NO的生成减少，从而使扩血管的效果减弱。

（2）ATP/ADP的比值减少（《人体机能学》[5] P217）

"高盐少水"的饮食使Na^+-K^+泵在静息时的负荷加重，细胞内的能源分子ATP的消耗也就增加（第三章第三节）。Na^+-K^+泵所分解的ATP转化为ADP，致使ATP/ADP的比值减少。ATP/ADP的比值减少，使内皮依赖的舒张因子（NO）基因表达减弱，NO的生成减少，从而使扩血管的效果减弱。

（3）体液中的乙酰胆碱浓度下降（《人体机能学》[5] P217）

乙酰胆碱是副交感神经传出神经纤维释放的主要神经递质。而交感神经中枢和副交感神经中枢的活动是互为消长的，"高盐少水"的饮食习惯使交感神经系统的活动增强，副交感神经系统的活动就会相应减弱，乙酰胆碱的释放量因而减少。体液中的乙酰胆碱浓度下降，血管内皮依赖的舒张因子（NO）基因表达就减弱，NO的生成就减少，从而使扩血管的效果减弱。

血管内皮细胞功能受损造成循环系统自身调节失衡，缩血管因子的基因表达增强，扩血管因子的基因表达受到抑制。最终的结果导致血管由功能改变发展为结构改变（血管内皮增厚，弹性变差）。这正是"高盐少水"致使原发性高血压病产生的机制之六。

第五节　"少盐多水"如何避免高血压

所谓"少盐多水"是以补充水/盐＝3L/5g作为分析依据，连同世界卫生组织（WHO）专家建议的补充水/盐＝2L/6g，参照上面章节的方法进行计算，把三种水/盐的计算结果综合列于表8.5-1。这些参数都与人体血压的调控有关。

表8.5-1 不同水－盐配置下人体的若干参数的变化

	高盐少水	WHO建议	少盐多水
补充水（L）/盐（g）	1.2/12	2/6	3/5
摄入水－盐的钠浓度①（mmol/L）	252	111	79
尿液的渗透压②（mmol/L）	820	376	250
血液渗透压变化（mmol/L）	大于300	接近300	小于300
血钠浓度变化	大于血钠平衡点	不变	小于血钠平衡点
循环血量	↓	不变	↑
血液黏度	↑	不变	↓
血管直径	缩小	不变	增加
血管升压素（ADH）	↑	中等程度	↓
醛固酮	↓	中等程度	↑
肾素－血管紧张素系统	↑	中等程度	↓
心肌及小动脉平滑肌反应性	↑	中等程度	↓
交感神经活动	↑	中等程度	↓
血管内皮细胞功能	受损	中等程度	完好
血流阻力	↑	中等程度	↓

　　［注：①"摄入水－盐的钠浓度"参照上一节方法计算；

　　　　②"尿液的渗透压"参照第二章第四节公式计算；

　　　　③↑表示（增加/上升）；↓表示（减少/下降）。］

　　对表8.5-1的数据可进行如下分析：

　　（1）补充水/盐=1.2L/12g，属"高盐少水"饮食习惯，血液钠含量及渗透压在一天的大部分时间高于平衡点，是致高血压产生的体液因素，它使各种高血压基因表达加强。因而是高血压的第一要因。

　　（2）补充水/盐=2L/6g，属世界卫生组织专家的饮食建议，血液钠含量及渗透压在一天的大部分时间接近平衡点。各种高血压基因处于均衡表达的状况。这恐怕正是世界卫生组织专家提出水/盐补充量的依据吧。

（3）补充水/盐=3L/5g，属本书的饮食建议，血液钠含量及渗透压在一天的大部分时间低于平衡点。对各种高血压基因具有一定的抑制作用，因而能降低高血压的患病风险。

第六节　"矫枉过正"是"牛饮"辅助治病的机制

高血压病的分期

原发性高血压的分期主要看高血压在其发展进程中，对靶器官的损伤程度分为如下三期：

I期：血压为140~159/90~99 mmHg，但临床无靶器官损害表现。

II期：血压为160~179/100~109 mmHg，并有下列各项之一。① 体检、X光、心电图、超声波检查见有左心室肥大；② 眼底检查见动脉普遍或局部变狭；③ 蛋白尿或血浆肌酐浓度轻度上升。

III期：血压为≥180/110，并有下列各项之一。① 脑血管意外或高血压脑病；② 左心心衰；③ 肾功能衰竭；④ 眼底出血。

几个通过"牛饮"辅助治疗高血压的实例

例一：主笔在第七章第二节已提到，他是20世纪70年代饮水健身法的追随者之一。自此以后，主笔的血压就从中学时代的125/85 mmHg，下降到110~105/75~70mmHg，一直保持了40多年。几十年来，不得其解。直到2002年看了王豫廉《离子水》一书，阅读了他用饮水保健法辅助治疗的几个高血压病的案例后，才恍然大悟，原来是我的饮水保健法在起了作用。

例二：主笔妻子在运用"饮水保健法"过程中，她的血压也奇迹般恢复了正常。（第七章第二节）

她在实施"饮水保健法"的前一年，通过体检发现了高血压，属I期高血压，范围是150~140/100~90mmHg，一年来均用药物稳住血压，每天起床即量血压，根据血压的高低确定服药量和次数。

实施"饮水保健法"三个月后，奇怪的现象出现了，由于血压逐步下降，服药量也逐步减少，由最多时的一天两次，每次两粒，逐步降为，一天一次，只用半粒，最后停药。停药后的半年时间内坚持每天起床即量血压，血压均在125~115/85~75mmHg的范围。（后来便改为每周或每月才测量一次血压。）

例三和例四均原文抄录自王豫廉《离子水》一书。他在书中收录了6个用水辅助治疗原发性高血压的病例，摘登如下：

例三（《离子水》[11]P9）：女，41岁，家务劳动。主诉高血压史已2年。当时（1995年12月底）在家乡测血压180/110mmHg，用倍他洛克治疗，每日2片（每片50mg），3个月后来沪打工时测血压仍为180/100 mmHg，此后基本上没有得到很好治疗。1年后（1997年1月1日起）开始饮用碱性离子水（量不多）治疗，当时血压仍为180/105 mmHg，饮水半年后，血压降至140/90 mmHg，饮水10个月后，碱性离子水增至6000ml以上，此后血压降为120/80mmHg，随访3年4个月，至2000年5月4日多次测血压均在110~120/70~80 mmHg之间，目前饮水量为每日2000~4000ml，患者感觉良好。

例四(《离子水》[11]P10)：男，65岁，军人。主诉高血压3年。测血压180/110 mmHg。患者于1997年4 月起开始饮用碱性离子水治疗，并停止服用所有药物。碱性离子水每日分次饮用，总量约6000ml。最多时每日达8000~10000ml，4个月后复测血压为140/90mmHg。共随访2年余。血压一直正常，维持在

125~110/80~70 mmHg之间，患者精神体力良好。

人们晚上的体液是最糟糕的

人们从晚餐到第二天起床这一时段具有一定的特殊性，是一天之中喝水量最少而摄入食盐则是最多的。因而是体液最糟糕的时段。

1. 晚餐后喝水量减少

为了减少晚上睡觉时起床的排尿次数，人们晚餐后大都减少喝水量，甚至不再喝水。

2. 人们在晚餐摄入食盐较多

由于人们白天都在工作，因而晚餐成了人们一家团聚的主餐，因而每个人一天的食盐总摄入量恐怕在晚餐占了一半（设为6.5g——按中国平均食盐摄入量计算）。

3. 晚餐后人们的体液成分出现了较大变化

由于人体的消化系统对食盐的吸收速度很快，因而在晚餐后1 h内6.5g食盐就会进入细胞外液，这时人体的体液会出现如下变化：

（1）血钠浓度骤然升高

晚餐后1h内，血钠浓度升高的数量为$6.5 \times 1000 \times 0.4/23/13=8.7$mmol/L。（注：1000——由g转换为mg；0.4——食盐中钠的含量；23——钠的原子量，13——细胞外液的升数。）即由平衡点140 mmol/L上升至148.7 mmol/L。

（2）体液的渗透压也会突然升高

晚餐后1h内，体液渗透压升高的数量为$8.7 \times 2/3=5.8$ mmol/L。（注：2——食盐里面还含有与钠等量的氯；1/3——细胞外液只占总体液的1/3。）即由300 mmol/L增加为305.8 mmol/L。

（3）体液总量在下降

晚餐后到第二天起床前，体液不但不再增加，反而每小时都在减少约100ml(尿液+汗液)，用以排出过多的食盐、体内产生的废物及调整体液的渗透压。到早上起床时，总体液减少了1L，相当于2.6%

（1/39）。

因而上述晚餐后超过了平衡点的血钠浓度和体液渗透压，需要通过晚餐后到第二天早上起床时约10h的调整，才能大致回复正常的平衡指标状态。但总体液减少的量（1L）只有在起床后喝1L水才能补回，才能达到昨天晚餐后的总体液水平。

"矫枉过正"是"牛饮"辅助治病的机制

下面是分别对三种水–盐配置下，在晚餐后对高血压因素影响的情况进行分析：

1. 在"高盐少水"（补充水/盐=1.2L/12g）的生活方式下，人体在白天已经形成不利于血压调控的体液因素，如体液中的水分偏少，血钠浓度及体液渗透压偏高，晚餐后增加食盐量及减少喝水量更造成体液环境愈加恶劣，这正是现代人形成高血压体质最重要的晚上10h。

2. 在"世界卫生组织专家建议"（补充水/盐=2L/6g）的生活方式下，白天人体的各种体液因素，处于平衡状态，由于体液水分没有富余，且血钠浓度及体液渗透压处于平衡点，晚餐后增加食盐量及减少喝水量，同样使人体出现形成高血压的体液因素，不过没有"高盐少水"生活方式那么严重。

3. 在"少盐多水"（补充水/盐=3L/5g）的生活方式下，人体在白天已经形成有利于血压调控的体液因素，如体液中的水分偏多，且血钠浓度及体液渗透压偏低，即使晚餐后增加一点食盐量及减少喝水量，体液环境也只会在正常的平衡点附近。不可能形成高血压的体液环境。

从上面三种情况的分析，人们在晚上的体液环境都比白天的差。正好需要在早上起床时空腹"牛饮"1L水进行纠正偏差。

俗话说，"纠枉必须过正，不过正不能纠枉"。一个人病了去看医生，然后打针吃药，这是对细菌、病毒的"纠枉过正"。"牛饮"同样是"纠枉过正"的一个举措。我们知道，高血压基因表达的启动或抑制都需要一定的时间和强度。从上述三种情况来看，只有第三种情况才出现抑制高血压基因表达的体液状况，但强度较弱，不过还可胜任作为减少高血压病发生的一种生活方式。

"牛饮"的情况就大不相同，因为它是在空腹、短时间内喝1L水，无论是血钠和渗透压下降的强度和下降的时间，都能满足机体产生辅助治疗高血压药理效果的要求。假设"牛饮"过程有0.3L水进入血液，血液的理化数据会出现如下的变化：

（1）血钠浓度骤然下降

下降为$140 \times 5/5.3=132$mmol/L，明显比平衡点140mmol/L低。（注：经过一个晚上的体液调整，血钠浓度及体液渗透压都会调整到接近平衡点的水平。）

（2）体液的渗透压也会突然下降

下降为$300 \times 5/5.3=283$mmol/L，明显比平衡点300mmol/L低。

（3）血液循环量增加

由于在空腹、短时间内喝1L水，血液量增加了0.3L，相当于增加了$0.3/5=6\%$的血液循环量。（注：5是血液的总量，单位是L。）

（4）血流阻力下降

在短时间内有0.3L水进入血液，血液容量增加，且血液得到稀释，红细胞的比容也因水分增加随之减少，造成血液黏滞度减少及血管变粗，致使血流阻力下降。

以上几项体液理化数据的变化，都会明显地抑制人体内各有关提高血压的基因的表达，形成了辅助治疗高血压的"药理"效应。

第七节 有关"牛饮"辅助治高血压的"药理"分析

"牛饮"1L水具有利尿的作用，这是医学界普遍的常识。其实"牛饮"1L水还具有不止一种高血压药物的联动作用，这方面则是大部分人所不了解的。下面我们将分别加以分析。

"牛饮"能起利尿降压药的作用

1.利尿降压药概述

下面有关利尿剂类降压药的降血压机制摘引自百度百科"利尿剂"词条。

利尿剂类降压药以噻嗪类最常用，比如氯噻嗪、氯噻酮。主要作用在肾脏的远曲小管，抑制钠的重吸收，这样钠被排出去了，水也就跟着排出去了。其利尿排钠作用可减少血浆容量，减轻心脏负担，减低血管阻力，从而促使血压下降。

自从1957年氯噻嗪问世以来，40多年来以氢氯噻嗪为主的噻嗪类利尿剂一直是抗高血压药物之一，不论单用或与其他抗高血压药物联用，都有明确的疗效。

几十年来，根据国际上大规模临床试验的结果，证明利尿剂降压效果是肯定的。在联合用药中，其他降压单药治疗无效时，加用利尿剂，疗效显著。利尿剂尤其对老年人、肥胖的高血压患者效果更加明显。

利尿剂类降压药如果剂量控制不好容易出现如下的副作用：①肾损害（有肾脏疾病的人不宜使用）；②低钾低钠血症、低血压；③糖代谢及脂代谢异常；④血液容量减少等。

与利尿剂联用有效的药物是利尿剂+β受体阻断剂，利尿剂

+ACEI（血管紧张素转换酶抑制剂）。联合用药可以降低药物的剂量，从而可以减轻单一药物的副作用，达到药效相加的目的。

2. "牛饮" 1L水的利尿功能

"大量饮入清水引起尿量增多的现象，称水利尿。正常人一次饮入清水1000ml后，约半小时尿量便开始增加，第一小时末达最大值；2～3h后尿量逐渐减少后尿量恢复至原来水平。如饮生理盐水尿量不发生明显变化。"（《人体结构与功能》[9] P402）图8.7-1 是一次饮入1000ml清水和生理盐水后两种情况的排尿率。从图8.7-1可以清楚看到，"牛饮" 1L清水的利尿效果是异常明显的。

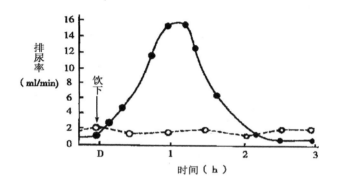

图 8.7-1 一次饮1L清水和1L等渗盐水后的排尿曲线

（注：实线——饮用清水；虚线——饮用等渗盐水。）

（《人体结构与功能》[9] P403）

为什么早上空腹 "牛饮" 1L水能产生利尿的作用呢？这是因为空腹 "牛饮" 1L清水明显地降低了血液晶体渗透压及增加了血液的容量，从而能异常地抑制人体内血管升压素（ADH）的排放。血管升压素又名 "保水激素"，ADH分泌少了，水就保不住了，人体的利尿功能就显示出来。

"在正常安静状态下，经常有少量ADH释放，以维持远曲小管和集合管对水的重吸收。引起ADH释放的最有效刺激是血浆晶体渗透压的增高和循环血量的减少。"（《人体机能学》[5]P273）换句话说，如果血浆晶体渗透压骤然下降或循环血量明显增加，就会促使血管升压素（ADH）的排放出现异常的抑制（参阅表6.1-1）。

3. "牛饮"如何通过利尿降低血压

"牛饮"利尿是通过如下几个环节有效地达到降低人体血压的：

（1）"牛饮"通过减少血管升压素的生成，从而降低肾脏对水的重吸收，增加排尿量，从而达到减少血浆容量，减轻心脏负担，减低血管阻力，促使血压下降的目的。

（2）血管升压素（ADH）同时又是最强的缩血管物质之一。"血管升压素可作用于血管平滑肌的相应受体，使血管收缩，是已知的最强的缩血管物质之一。"（《人体机能学》[5]P183）空腹"牛饮"1L水减少了体内血管升压素（ADH）的含量，从而降低了血压。

（3）由于人体内的血管升压素（ADH）从开始受到抑制到重新恢复正常的排放量约需要5h，因而早上空腹"牛饮"1L水的降血压效果是明显的。如果除了早上空腹"牛饮"1L水外，在一整天的时间内再补充2L水（即总喝水量为3L/d），则利尿降压作用可以覆盖到一整个白天。

（4）由于早上空腹"牛饮"1L水后，血钠已经低于平衡点（140 mmol/L），这时人体即同时启动醛固酮的分泌，进入保钠的状况（参阅表6.1-2）。

"牛饮"能起ACEI的降压作用

1. 血管紧张素转换酶抑制剂（ACEI）降压药概述

本标题有关血管紧张素转换酶抑制剂类降压药的降血压机制摘引自百度百科"血管紧张素转换酶抑制剂"词条。

血管紧张素II是一种高活性的升压物质，它能使全身微动脉收缩，外周阻力增加，它还使静脉收缩，回心血量增加，至心脏的负荷加重，最终的结果是血压升高。血管紧张素II是人体内最强的缩血管的物质之一。

血管紧张素II主要是通过肾素—血管紧张素—醛固酮系统（RAS）产生（参阅第六章图6.1-1）。ACEI通过抑制血管紧张素Ⅰ转换为血管紧张素Ⅱ，从而产生降压效应。

ACEI可用于轻、中度及严重的高血压病人，对于治疗严重或急进性高血压，ACEI与钙拮抗剂联用特别有效。

ACEI常见的副作用主要有①干咳；②血管神经性水肿；③孕妇使用可使胎儿畸形。

2. "牛饮"所具有与ACEI等效的降压功能

"当肾脏供血不足时，肾近球细胞合成并分泌肾素进入血液循环，作用于血浆中的血管紧张素原，使之转变成血管紧张素Ⅰ（10肽）。在肺血管内皮细胞表面的血管紧张素转化酶的作用下，血管紧张素Ⅰ转变成血管紧张素II（8肽）。"其过程如图6.1-1。（《人体机能学》[5]P182）

早上空腹"牛饮"1L水可以使血流阻力下降（参阅第八章第六节）。血流阻力下降使肾脏供血增加，从而抑制了肾近球细胞合成并分泌肾素进入血液循环。血液循环中肾素减少，使血浆中的血管紧张素原较少被转变成血管紧张素Ⅰ。由于血管紧张素Ⅰ少了，血液循环中的血管紧张素II也会跟着减少，从而产生降低血压效应。

表8.7-1是药物降压与"牛饮"的作用机制对比。从表中可以看到，"牛饮"能起到两种药物降压的联用的作用。

表8.7-1 药物降压与"牛饮"降压的作用机制对比

	药物降压作用机制	"牛饮"降压作用机制
利尿剂	通过加强排水顺带排钠	降低肾对水重吸收而强化排水
血管紧张素转换酶抑制剂	通过ACEI抑制血管紧张素Ⅰ转换为血管紧张素Ⅱ，致使血液循环中血管紧张素Ⅱ减少，从而产生降压效应	血流阻力下降使肾血流量增加，肾素分泌受到抑制，血管紧张素原较少被转变成血管紧张素I，从而减少了血管紧素II，产生降压效应

药物降压与"牛饮"降压的副作用对比

表8.7-2是药物降压与"牛饮"降压的副作用对比。从表中可以看到，"牛饮"降压比药物降压的副作用少。

表8.7-2 药物降压与"牛饮"降压的副作用对比

	药物降压副作用	"牛饮"降压副作用
利尿剂	①低钾低钠血症 ②低血压 ③代谢异常 ④血液容量减少等	①钾的排出量偏高（对策：每天只要进食500g以上蔬果，或改为喝中等浓度茶水即能解决。） ②"牛饮"致血液容量增加心血管及肾病患者慎用
ACEI	①干咳； ②血管神经性水肿； ③可致胎儿畸形等	

表8.7-1和表8.7-2给了我们如下的启示：

1. 人体本身蕴含着一个巨大的"药库"，只要我们想方设法把它挖掘出来，一定能造福人类健康。

2. 应验了 F. 巴特曼的一句名言：水是最好的"药"。

3. "牛饮"达到了两种降压药联用的目的，而又没有由药物带来的副作用，应属于辅助治疗高血压的一种生活方式。

第八节　健康人降低血压也有好处

高血压的分级

1999年，世界卫生组织及高血压学会把18岁以上的成年人高血压诊断分级重新修订作为分类标准，如表 8.8.-1。

表 8.8.-1 血压水平的分级

（百度百科"高血压"词条）

类别	收缩压（mmHg）	舒张压（mmHg）
理想血压	≤120	≤80
正常血压	≤130	≤85
正常高值	130~139	85~89
1级高血压	140~159	90~99
2级高血压	160~179	100~109
3级高血压	≥180	≥110

目前的高血压判断标准，即收缩压/舒张压高于140/90mmHg，是依据长期作用引起靶器官损害的相对危险程度人为划定的。简而言之，高血压还是正常，实际上意味着日后造成靶器官损害的概率的大小。

所谓正常血压小于130/85mmHg和理想血压小于120/80mmHg，也是人为划定的。这是人类处于"高盐少水"的生活方式下划定的。如果人们改用"少盐多水"的生活方式下，正常血压和理想血压很可能要往下调。

健康人也要降低血压

下面的内容摘自《广州日报》（2004-03-27）报道：

英国的《柳叶刀》杂志发表文章认为，稍微降低血压益处多多，可以令心脏病等心血管疾病远离我们。即便是对那些血压正常的人来说，情况也同样如此。

英国牛津拉德克利夫医院的萨拉·莱温顿说**"不管你现在的血压如何，较低的血压都意味着较低的（得心血管疾病的）危险。"**

英国的《柳叶刀》杂志刊登了莱温顿等人的分析报告。报告认为，降低收缩压20mmHg或降低舒张压5mmHg就能够将率中和心脏病的患病危险降低一半。莱温顿说："分析结果表明，并不是说，血压达到某一水准，你突然就有了患心脏病的危险。血压和心血管疾病有着连续的相关性。"

他还指出，如果将血压稍微降低一点，50%~60%的人能够生活得更健康。降低血压的常用途径包括：服用药品、减少食盐摄入量以及经常进行体育锻炼。不过，莱温顿还不知道，"牛饮"也能降低血压,而且很可能是最有效的方法。

"牛饮"使主笔的血压降低了

有学者说过：如果你的血压在90/60mmHg范围内波动，同时又没有特别的眩晕感，那么，这种血压水平对动脉来说就非常适合。

自从主笔实行早上空腹"牛饮"1L水以后（1971年），我的血压就从中学时代的125/85mmHg，下降到110~105/75~70mmHg，一直保持了40多年。中学时代，在蹲厕大便后起来，总有眩晕的感觉。但是现在的我，虽然已领退休金多年，下蹲10min骤然起来，却一点眩晕的感觉都没有。

主笔在中学时代，也是一个体育爱好者，而且那时年轻，虽则如此，但血压水平怎么也不如现在好。看来，想降低自身的血压，还是采用早上空腹"牛饮"1L水的方法好。

第九章　水－盐摄入与糖尿病

第一节　糖尿病概述

本节有关糖尿病的资料部分摘引自维基百科"糖尿病"词条。

糖尿病是一种因体内胰岛素绝对或者相对不足所导致的一系列临床综合征，与遗传基因及生活方式有着非常密切的关联。糖尿病的主要临床表现为多饮、多尿、多食和体重下降（"三多一少"），以及血糖高、尿液中含有葡萄糖（正常的尿液中不应含有葡萄糖）等。

因为胰岛素是调节大多数组织细胞（主要是肌细胞和脂肪细胞，不包括中枢神经系统的神经元细胞）吸收葡萄糖的主要激素，所以胰岛素缺乏和细胞受体对胰岛素不敏感在所有类型的糖尿病中都扮演着重要的角色。

糖尿病与高血压同属流行于现代人的文明病，据统计资料介绍，中国改革开放初期，糖尿病的发病率还只有0.67%（1980年），到了2011年发病率已经上升到3.6%，30年来激增了数倍，患病人数约占全球糖尿病患者的1/5。这是中国物质生活丰富以后带来的富贵病。

目前，由糖尿病并发症引发的致死率仅次于心脑血管疾病和肿瘤，位列第3位。有专家预测，随着经济的发展，如果仍不改善生活方式，今后10年，糖尿病在我国的发病率将快速增长，很有可能达到14%左右。

糖尿病主要分1型和2型。其中1型糖尿病多与先天因素及基因变异有关，属胰岛素依赖型糖尿病，约占10%；2型糖尿病多由生活方式造成，属非胰岛素依赖型糖尿病，约占90%。

2型糖尿病大多由于组织细胞的胰岛素抵抗，胰岛素及其受体的活性下降和胰岛素受体的数量减少引起。通俗地说，就是细胞不再同胰岛素结合，使得进入细胞内部参与生成热量的葡萄糖减少，留在血液中的葡萄糖增多。本章谈及的主要是2型糖尿病。

糖尿病可以引起多种并发症。如低血糖症、酮症酸中毒、心血管疾病、糖尿病肾病、视网膜病变、神经病变及微血管病变（如"糖尿病足"）等。

传统的观点认为，2型糖尿病总的治疗原则是通过改变生活方式，包括饮食控制、体育锻炼、减轻体重，不吸烟及避免二手烟对预防及控制糖尿病也有一定的效果，并配合一定的药物治疗，以达到控制血糖、预防并发症的目的。我们认为，上面对2型糖尿病治疗原则的描述是不够全面的，也没有分清主次，特别是没有注意到水－盐的摄入量对2型糖尿病的形成，也有着重要的影响。

第二节 糖尿病的发病机制

糖尿病发病因素分析

表 9.2-1 列出了2型糖尿病发病的各种因素。其中"高盐饮食"和"喝水过少"这两个2型糖尿病发病因素，是我们与流行的传统观点最大的区别。在2型糖尿病的发病诸因素中，把"高糖饱食"列为

第一要因已是专家学者们的共识。然而人们大都没有注意到"高盐少水"也是引发2型糖尿病的一个很重要的因素。正因为人们在2型糖尿病发病因素中，只注意了"高糖饱食"，而没有注意"高盐少水"，才使糖尿病变成"药物依赖型"的病种。

表 9.2-1 引起2型糖尿病的各种因素

基因因素		受体敏感性低
		免疫功能紊乱
		胰岛素与受体结合缺陷
生活方式	交感神经活动增强	精神紧张与心理压力过重
		精神应激与情绪激动
		焦虑
	饮食与运动	高糖（包括精粮）饮食
		长期饱食
		营养过剩（肥胖）
		高盐饮食
		喝水过少
		体力活动减少
		吸烟及饮酒

引发糖尿病的主因与次因

表9.2-2 关于引发糖尿病与高血压的前三位因素是我们的独创的观点，与传统观点最大的分歧正是"高盐少水"。

从表8.3-1和表9.2-1中我们可以看到，引发糖尿病与引发高血压一样，在诸多因素中，生活方式的因素是最多的。因而我们可以引伸出相同的哲理：只有人们在不良的生活方式下，糖尿病与高血压的基因才可能被激发起来，形成糖尿病和高血压病。我们要想不得糖尿病和高血压病，就只有改变我们的生活方式。通过改变不良的生活方式，达到限制糖尿病及高血压基因的表达。

表9.2-2 引发糖尿病与高血压的前三位因素

	糖尿病	高血压
第一位因素	高糖饱食	高盐少水
第二位因素	高盐少水	高糖饱食
第三位因素	精神应激	精神应激

在由不良生活方式引起糖尿病的各种因素中，也需要抓住"牛鼻子"。而糖尿病与高血压的"牛鼻子"（前三位）都是相同的，只是排序有所区别罢了（表9.2－2）。

只要紧紧抓住了前三个要因，引起糖尿病和高血压病的其他因素就会被掩盖起来。只要处理好第一和第二要因，其他的因素同样也会得到缓解。

近百年来人类糖尿病与高血压的发病率不断攀升，完全是由于前两个因素推波助澜的结果：

从第五章第二节中我们已经分析了，人类在食谱中之所以要添加食盐，是因为把以谷类为主的"糖食"作为主食后的需要。同时由于人类近百年来进入了饱食的时代，食盐原先只是为了满足人体机能上的需要，变为满足口味上的需要，越是饱食，味道就要越浓，食盐也就会越多。又由于食盐是人体的保水剂，因而人类就同时进入了"高糖饱食"和"高盐少水"的生活方式。"高糖饱食"与"高盐少水"同时作用的结果，才使人类高血压和糖尿病的发病率推得越来越高。

关于"高糖饱食"和"精神应激"这两个引发人类文明病的重要因素，我们将分别在《健康新思维（二）》、《健康新思维（三）》中阐述。

为什么当前医疗部门对2型糖尿病仅采取"控制饮食"的治疗方式收效并不十分理想，正是由于缺少了同时运用"少盐多水"的配合。只有"低糖限食"配合以"少盐多水"两种生活方式同时进行，才有可能根治2型糖尿病。

其实，胰岛素本身并不能直接对细胞发挥它的生物活性，它需要与细胞膜上的胰岛素受体特异性结合才能影响细胞的生理作用，才能使体内葡萄糖正常运转和代谢。

治疗2型糖尿病须要从如下两个环节入手：一是增加胰岛素调节的灵敏性，从数量和质量上及时跟随血糖调节；二是提高胰岛素受体的数量和活性，减低受体对胰岛素的抗性。"低糖限食"着重从第一个环节入手，"少盐多水"主要从第二个环节发挥作用。

本章书我们将从几个方面进行论证："少盐多水"是怎样提高胰岛素受体的数量和活性，从而减低胰岛素的抗性，使人们能够避免和辅助治疗糖尿病的。

第三节 "少盐多水"辅助
治疗糖尿病的机制

血液黏度降低，胰岛素抵抗减少

1. 何谓高黏血症

本标题有关高黏血症的机制摘引自百度百科"高黏血症"词条。

高黏血症是由于一种或几种影响血液黏度因子升高，使血液过渡黏稠、血流缓慢造成，以血液流变学参数异常为特点的临床病理综合征。通俗地讲，就是血液过度黏稠了，血细胞丧失应有的间隙和距离，或者血液中红细胞在通过微小毛细血管时的弯曲变形能力下降，使循环阻力增大，微循环血流不畅所致。

造成高黏血症大致有如下几方面因素：① 细胞浓度过高；② 血液黏度增高；③ 血细胞的聚集性增高；④ 血细胞的变形性减弱；

⑤ 血脂异常等等。

上述造成高黏血症的诸因素中，第①、②条是由于血液中的细胞数量相对增多。正如樊小力在《人体机能学》所言："血液的黏滞度主要决定于红细胞的比容，红细胞比容愈大，血液黏滞度愈高。"（《人体机能学》[5] P169） 红细胞不但是血液中数量最多的细胞，而且是体积最大的细胞。红细胞比容增大，血液中的细胞数量就自然相对地增多。

血液中的细胞数量相对增多与人体内水分相对减少息息相关。例如如果人体内水分相对减少，血液中的水含量也就减少，那么血细胞的比例就会相对增大，血液中的黏度就自然升高了。上述前两条影响血液黏度的因素与水－盐的摄入量有关，属于生活方式可控的因素，其余三条因素是人体血液系统处于病态的环境中，只能采用医疗的手段才能解决。

2. 高黏血症是形成2型糖尿病的重要因素

从医疗统计分析得知，90%的糖尿病患者具有高黏血症，这已经是不争的事实。反过来，血液黏度增加又成为2型糖尿病的助推器。下面是刊登于《广东医学杂志》（2000年第10期）的一篇论文《2型糖尿病患者血液流变学改变与胰岛素抵抗的关系》有关这方面的一项实验成果：

广东医学院第二附属医院内分泌科郭行端、梁旦、叶志东、苏玉玲等4位医师在1996～1999年历时3年进行了有关"血液黏度与胰岛素抵抗相关性"的探讨。他们对108例2型糖尿病进行取样分析和跟踪研究，探讨2型糖尿病患者血液流变学改变与胰岛素抵抗的关系。使用的方法是：测定108例2型糖尿病患者空腹血糖、胰岛素及血液流变学数据，分析血液黏度对胰岛素抵抗的影响。得出的结果是：血浆黏度及全血黏度都与胰岛素敏感性指数（IAI）呈显著负相关。最后的结论是：血黏度增高可能是胰岛素抵抗的表现的一个重要因素。

美国医学博士F.巴特曼在他的《水是最好的药》一书中也说过："人体中的蛋白质和酶在黏度较低的溶液中效率较高。细胞膜中的所有受体（接受端）都是如此。在黏度较高的溶剂中（在脱水状态下），蛋白质和酶的效率较低。"（《水是最好的药》[10] P18）胰岛素及其受体同属蛋白质类，它们的活性同样受到体液黏度的影响。由此可以得出结论：**降低血液黏度可以提高胰岛素与受体反应的活性，从而可以提高胰岛素的工作效率，达到以较少的胰岛素向细胞输送更多的葡萄糖，以降低2型糖尿病的发生。**

3. "少盐多水"是避免高黏血症最有效方法

"少盐多水"的生活方式由于体液富余较多，保持了整个体液较低的黏滞度。从而使胰岛素及其受体的活性提高。这方面我们将在第十四章第二节加以详述。

由于"少盐多水"避免了高黏血症，正是辅助治疗糖尿病的机制之一。

细胞饥饿时，胰岛素受体数量会增加

人们已经发现，"胰岛素受体存在于体内许多不同的组织细胞，但各类细胞受体数量有很大差异，如每个红细胞上仅有40个受体，而每个肝和脂肪细胞上多达20万～30万个受体。"（《人体生理学》[6] P401）同时，胰岛素受体的数目也会随人体生理情况而变化。例如**"每个细胞胰岛素受体的数量在饥饿时增加，而在肥胖及肢端肥大症患者降低。"**（《人体生理学》[6] P401）

人类的摄食行为，受下丘脑的饱中枢和摄食中枢控制。"摄食中枢和饱中枢的活动可能受血糖浓度的调节。饱中枢的神经元对葡萄糖敏感，当进餐后血糖浓度升高时，饱中枢即被兴奋而停止摄食。反之，当血糖浓度低时，饱中枢的活动减弱，摄食中枢的活动即可增强而引起摄食。"（《人体机能学》[5] P352）

但是，采取"少盐多水"的生活方式后，在血糖仍处于正常的情况下，人在总体上并不感到饥饿。但对于肌体内的细胞就不一样，它并不跟随人的感觉。只要进入细胞内的葡萄糖数量下降，就可造成细胞的"饥饿"状态。

从前面的章节我们已经分析了，"少盐多水"的生活方式致使体液增加和体钠下降，可从如下几个环节使葡萄糖进入细胞内的数量降低，从而使细胞进入饥饿状态（参阅第三章第二节）：

① 细胞外液中葡萄糖的浓度下降（处于正常低限），因而进入细胞内的葡萄糖数量也要减少。由于血糖是处于正常稍低的状态，人体还没有饥饿的感觉。

② 由于细胞外液的Na^+被稀释了，致使细胞外与细胞内的Na^+浓度梯度变小，而葡萄糖由细胞外运入细胞内需要借助Na^+浓度梯度进行，因而葡萄糖由细胞外运入细胞内的速率就会变小。

③ 葡萄糖的运输路径是：血液——"细胞间液"——"细胞溶胶"线粒体。由于体液增加的原因，这些路径都比原来延长了，因而运输量就自然下降。

细胞是生命的最基本单位，"少盐多水"对细胞来说，是在人体没有饥饿感觉时的"饥饿"刺激。在"饥饿"刺激下，细胞胰岛素受体的数量增加了，胰岛素与受体的结合量也会增加。这又是"少盐多水"辅助治疗糖尿病的一个机制。

体液pH上升有利胰岛素与受体的结合

"胰岛素与胰岛素受体相结合是胰岛素发挥细胞作用的启动点，这种结合是特异性的。……体外试验显示，这种结合对温度和pH高度敏感（Waelbrock等，1979年）：最适pH为8，最佳温度为15℃。在生理条件下（pH7.4，37℃），亲和力下降5倍。"（摘自胰岛素生物医学信息网《胰岛素作用》——北京大学分子医学研究所）据说，pH值每升高0.1，胰岛素与其受体的结合也增加30%，反之亦然。也就是说，胰岛素及其受体的活性是与体液的pH值正相关的。

而体液的pH值与体液的［H^+］浓度有关，［H^+］浓度越高，pH值就越低，反之亦然。下面我们首先来看一下体液里的［H^+］是怎样产生的。

"体液［H^+］的相对恒定是细胞进行正常代谢和功能活动的必要条件，而机体的代谢活动却不断产生大量酸（包括挥发酸及固定酸）和少量碱（如NH_3），摄取的食物中也含有少量酸和碱。但在生理条件下，机体通过体液的缓冲作用和肺、肾的调节，始终能保持体液［H^+］的相对恒定（表9.3-1），表现为动脉血pH保持在7.35～7.45。"（《人体机能学》[5] P290）

表 9.3-1 体液的氢离子浓度和pH

（《人体机能学》[5] P291）

		［H^+］mmo/L	pH
细胞外液	动脉血	4.0×10^{-5}	7.40
	静脉血	4.5×10^{-5}	7.35
	组织液	4.5×10^{-5}	7.35
细胞溶胶		$1 \times 10^{-3} \sim 4.0 \times 10^{-5}$	6.0～7.4
尿液		$3 \times 10^{-2} \sim 1.0 \times 10^{-5}$	4.5～8.0

从表 9.3-1 可以看到，在人体体液中［H^+］的浓度是：细胞溶胶＞组织液＞静脉血＞动脉血。由此可以推测，人体体液中［H^+］的来源是在细胞内。

事实上，生物体内的食物代谢确实是在细胞内。由于生物体内的细胞不能直接利用来源于糖、氨基酸和脂肪酸的能量，需要把它们转化为"能量货币"ATP。而ATP正是细胞生命活动的直接供能者。

在细胞内，由糖、氨基酸和脂肪酸转化为ATP的过程，大体分如下三个步骤：① 燃料分解；② 三羧酸循环；③ 电子转化和氧化磷酸化。下面是凌治萍在《细胞生物学》里关于葡萄糖在细胞内代谢产生［H^+］过程的一段陈述：

"1分子葡萄糖经无氧氧化、丙酮酸脱氢和TAC循环，共产生6分子的CO_2和12对H……一般认为H须首先离解为［H^+］和e^-。"（《细胞生物学》[8] P140）（注：无氧氧化、丙酮酸脱氢在第一个步骤进行，TAC循环即三羧酸循环，属第二个步骤，e^-是电子。）

由上面的分析可知，食物在人体细胞内的代谢过程产生了大量的［H^+］，这些［H^+］如果不能完全被体内酸碱缓冲系所中和，就有可能形成人体的酸性体质。一个人每天的食物量越多，产生的［H^+］也就越多，体液就越有可能偏向酸性。

我们在第三章已经论证了，采取"少盐多水"的生活方式可以使一个人的食物摄取量减少20%。**由于食物量减少了，体内［H^+］的产生量就会减少，人的体液就有可能偏向碱性，体液pH值就有可能偏高，pH值上升更有利于胰岛素与受体的结合。这同样是"少盐多水"辅助治疗糖尿病的的机制之一。**

细胞膜外侧K^+浓度提高增加了胰岛素及受体的活性

我们在第四章第二节已经论述了如下的推论："生命大分子的反应需要钾的参与。"本标题的论证将以这一推论为出发点。

由于胰岛素受体是跨细胞膜的蛋白质，而胰岛素与受体的结合首先在细胞膜的外侧进行，因而如果细胞膜外侧钾浓度有所提高，会更有利于胰岛素与受体的反应。

采取"少盐多水"的生活方式，正好使细胞膜外侧的钾浓度有所提高，因而增加了胰岛素及其受体的反应能力。

在"少盐多水"的生活方式下，细胞外液的渗透压会有所下降（对比"高盐少水"的生活方式）。这时，细胞为了平衡内外的渗透压，会同时运用两种方法：其一是细胞外的水进入细胞内，降低细胞内的渗透压；其二是细胞内的K^+移出细胞外，提高细胞外的渗透压（参阅第四章第三节）。这就造成细胞外的K^+浓度有所提高。

而移出细胞外的K^+由于受细胞内静息负电场的吸附，多数靠近细胞膜外侧。K^+在细胞膜的外侧便有所浓集，这更有利于膜蛋白的化学反应。

胰岛素的受体是镶嵌在细胞膜上的跨膜蛋白，胰岛素及其受体必须首先在细胞膜的外侧发生反应，使受体构形改变，才能影响细胞内各种代谢反应。"少盐多水"使细胞膜外则K^+浓度的提高，正好增加了胰岛素及其受体的活性。这又成了"少盐多水"辅助治疗糖尿病的一个机制。

第十章　水－盐摄入与肾脏病及重金属为害

第一节　肾病概述

本节的部分资料摘抄自张路霞教授发表在爱唯医网的一篇文章：《CKD流行病学研究》(《医师报》2012-02-01)。

肾功能简介

肾是人体最重要的排泄器官，它以泌尿的形式将机体代谢尾产物（如尿素、氨、肌酐等）、进入体内的异物（如药物、毒物等）、和过剩的物质（如Na^+、K^+等）以及水分排出体外。达到调节水和电解质平衡，调节体液渗透压、体液量和体液电解质浓度，调节酸碱平衡等功能。从而维持机体内环境的相对稳定。肾起功能作用的主要是肾单位，人的两个肾约有肾单位200万个，其中85%分布在肾皮质，15%分布在近髓部（图10.1-1）。

在第六章我们已经分别介绍了"血管升压素"和"醛固酮"等与水盐平衡有关的肾调节功能。这一章着重分析有关尿液的浓缩和稀释问题。

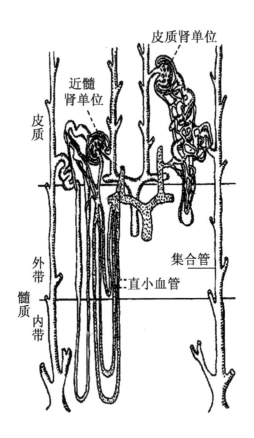

图10.1-1 肾单位和肾血管示意图

（《人体生理学》[6] P243）

何谓慢性肾功能衰竭（简称CKD）

肾病通常指的是肾功能衰竭，分急性与慢性两种，但发展到严重阶段时，均以尿毒症告终。本文谈及的主要是慢性肾功能衰竭（CKD）。

"各种原因所造成的慢性进行性肾单位损害，以致残存的有功能的肾单位最终不能充分排出代谢废物和维持内环境稳定，因而出现泌尿功能障碍和内环境紊乱包括代谢废物和毒性物质的滞留，水、电解质和酸碱平衡紊乱，以及肾脏产生生物活性物质（肾脏内分泌）的功能障碍，所出现的临床综合征即为慢性肾功能衰竭。"（《人体机能学》[5] P306）

我们注意到，在慢性肾功能衰竭的过程中，肾单位的破坏是逐渐发生的，由于肾脏有强大的代偿功能，只要还有30%的肾单位完好，人还能正常地生活和工作，故慢性肾功能衰竭常常是隐蔽的、渐进的过程，病程可迁延数月、数年或更久，病情复杂，常以尿毒症为最后结局而导致死亡。

CKD的发病率

CKD与糖尿病及高血压同属流行于现代人的文明病，随着人们的生活水平的提高，发病率不断增加，已被医学专家公认为是"常见病，多发病"。（注：文明病定位是我们的观点。）据刘文虎博士（北京友谊医院肾内科）介绍，肾脏是人体重要的脏器官之一，现在全球大约有5亿人已遭受肾病的困扰，全国2010年已有22万人靠透析生存(数据来自浙江新闻网2012-03-20)。从下面三个表可以看到，CKD发病的严重性。

表10.1-1 美国CKD患病的趋势（%）

[资料来自美国的全国健康营养调查（NHANES）/
张路霞教授发表在爱唯医网的《CKD流行病学研究》]

年份	1988～1994年	1999～2004年
肾功能下降	5.6	8.1
白蛋白尿患者	8.2	9.5

CKD患者	10	13.1

表10.1-2 中国成年人CKD患病的数据（%）

（资料来自张路霞教授发表在爱唯医网的《CKD
流行病学研究》）

	北京	上海	广东	农村	全国
CKD患者	10.5	11.8	12.1	10	10.8

由于一个人的肾脏出现CKD有一个渐进的发展过程，很可能只有一个人的肾单位损坏了70%以上才感觉患上CKD。那么肾单位损坏了50%～70%的人就会一点感觉都没有，我把这部分人称作准CKD患者。准CKD患者究竟有多少？恐怕也会超过10%，也就是说，肾功能不全（包括准CKD患者）的人很有可能会超过20%。

尿毒症大部分是由慢性肾小球肾炎引起的肾功能衰竭而导致的，慢性肾炎的病人将近有30%晚期会发展成尿毒症。目前上海的尿毒症发病率，比20年前的发病率翻了一番。

CKD的发病特点

CKD存在如下的特点：

1. CKD具有"高发病率、低知晓率"的特点，往往容易被人们忽视。

2. CKD被称为"沉默的杀手"，患病时缺乏特有的症状与体征，患者早期可能仅仅表现为夜间排尿次数和尿量增多。当肾脏功能的破坏大于70%时，患者才会出现贫血、乏力、厌食、恶心、呕吐、腹胀等症状。

3. CKD发展到最后只能通过血液透析、腹膜透析或肾移植来维持生命。

4. CKD与心血管疾病有着密切的联系，CKD会影响心血管疾病的病情，反过来心血管疾病又会加重CKD的进程，两者互为推动。

既有慢性肾病又有心脏病的患者，死亡率高于普通人群。已有数据显示，终末期肾脏病患者的心脑血管病发病率较相同年龄段的一般人群高5~8倍。

5. 大多数CKD往往由上呼吸道感染引起，占60%~70%。

6. CKD发病的日益增多，与人们的不良生活方式导致糖尿病、高血压等危险因素明显增加有关。而CKD又会加重这些危险因素的进程，它们相互影响，互为因果，形成恶性循环。

7. CKD容易出现眼底病变。有调查数据显示，CKD患者的眼底病变患病率高达32.0%，远高于非CKD者（19.4%）。

8. CKD被形象地称为医疗支出的"放大器"。美国的统计数据显示，虽然CKD患者仅占医疗保险人群的7%，但其医疗费用支出占总医疗支出的24%。慢性疾病患者一旦合并CKD，医疗费用则呈现倍增趋势。

9. CKD发病还呈现出年轻化趋势，二三十岁的透析患者越来越多，年龄最小的甚至不到10岁。以上海1.1万需接受透析治疗的病人为例，由肾小球肾炎引起的终末期肾衰竭病人约占53%，其中半数以上是年轻人。

第二节　肾病的发病机制

CKD的发病因素分析

表 10.2-1 列出了引起CKD的各种因素。其中"喝水过少"、"高盐饮食"和"食肉过多"这三条由生活方式引起CKD的因素，是我们与流行的传统观点最大的区别。当今的医学界在对于引起CKD的绪因素中，大都只注重于"继发性"、"中毒性"及"感

染"三大因素，而没有对由生活方式引起CKD给与足够的重视。正是因为这样，CKD的发病率才随着人们的生活水平不断提高而增加。

表10.2-1 引起CKD的各种因素

生活方式	喝水过少、高盐饮食、食肉过多
继发性	高血压、糖尿病、高黏血症、肿瘤、结石、痛风、前列腺肥大
中毒性	生物毒、重金属、药物(感冒药、消炎止痛药、减肥药、中草药等)
感染	感冒、咽炎、扁桃体炎、尿路感染、脓疱疮

CKD也是生活方式病

这是我们的独创观点。我们的观点是，CKD主要是由生活方式主导引发的一个病种。

我们从表10.2-1可以看到，继发引起CKD发生的绪病种中，大都属于生活方式病，如高血压、糖尿病、高黏血症、结石、痛风、前列腺肥大等。肿瘤虽然主要与基因突变有关，但是在良好的生活方式下，它恶变的频率也会降低。

至于"中毒性"和"感染"也只有在肾细胞处于较为恶劣的生存环境下才可引起CKD的发生。而"高盐"、"少水"、"多肉"的生活方式正是使肾脏处于CKD容易发生的生活方式，在这样的生活方式下，"中毒性"和"感染"更容易得逞。

下面几节我们将从多个方面阐述这一观点。期望大众能摒弃"高盐"、"少水"、"多肉"的生活方式，以保护我们的肾脏避免CKD之苦。

第三节　浅析肾脏对尿液的浓缩与稀释

肾脏处理原尿的过程

"正常人每天由肾小球滤过形成的原尿量约180L，而每天排出的终尿量仅1.5L，亦即99%以上的滤液在流经肾小管和集合管时被重吸收回血液。"（《人体机能学》[5] P268）

其中肾皮质是在等渗（300 mmol/L）状态下进行重吸收，而肾髓质则是在渗透压由外向内逐渐增高的情况下进行工作（图10.3-1）。

在人两个肾的200万个肾单位中，分为皮质肾单位（位于肾皮质部）和近髓肾单位（靠近肾髓质部）（图10.1-1）。

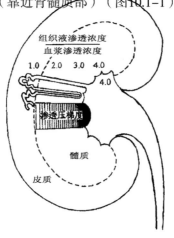

图 10.3-1 肾髓质渗透压梯度示意图
线条越密表示渗透压越高；数字为组织液渗透压与
血浆渗透压的比值（血浆渗透压为300 mmol/L）

（《人体生理学》[6] P257）

由于皮质肾单位占85%，而皮质肾单位又只有极少量的原尿在位于肾髓质的集合管内加以处理，因而可以假设皮质肾单位在皮质部的重吸收比例为95%，于是便可计算出皮质肾单位在肾皮质重吸收原尿的量为85%×95%=81%，余下的4%由在肾髓质的集合管加以处理。

对于近髓肾单位，占比只有15%，近髓肾单位在肾皮质重吸收量的原尿约为70%（《人体机能学》[5] P269），于是可以计算出近髓肾单位在肾皮质重吸收的原尿量为15%×70%=10.5%，余下的4.5%原尿在肾髓质加以处理。

上述肾单位重吸收（或处理）原尿的数据列于表10.3-1：

表10.3-1肾对原尿的重吸收情况表

肾单位	皮质肾单位		近髓肾单位		原尿合计
吸收位置	肾皮质	肾髓质	肾皮质	肾髓质	
渗透压mmol/L	300	变化	300	变化	
处理占比（%）	81	4	10.5	4.5	100
处理体积（L）	146	7	18.9	8.1	180

（注：有关数据摘录自《人体机能学》[5] P262第八章。）

表10.3-2是对表10.3-1按原尿分别在肾皮质和肾髓质处理量的汇总分析。（注：164.9=146+18.9，余类推。）

表10.3-2肾皮质和肾髓质处理原尿汇总分析

	肾皮质	肾髓质	合计
处理量（L）	164.9	15.1	180
占比（%）	91.5	8.5	100
处理方式	全部重吸收	①终尿排出 ②部分重吸收	

尿的浓缩与稀释主要在肾髓质完成

"与血浆相比尿的渗透压变化幅度很大，最低可达30mmol/L，为血浆渗透压的1/10左右；最高可达1450 mmol/L，为血浆渗透压的4～5倍。"（《人体机能学》[5]P271）由此可见，肾有很强的浓缩和稀释尿的能力。

"水的重吸收，除受血管升压素的调节之外，还取决于肾髓质组织液的高渗性。"（《人体机能学》[5]P272）即是说尿的浓缩与稀释主要在肾髓质完成。血管升压素仅起到水分重吸收闸门的作用，而肾髓质组织液的渗透性（实质是渗透压差）才是水分重吸收的推动力。

肾髓质重吸收水分的动力靠的是渗透压差

"渗透压指的是高浓度溶液所具有的吸引和保留水分子的能力，其大小与溶液中所含溶质颗粒数目成正比而与溶质的分子量和半径等特性无关。它又是一种压强，在38℃的溶液中，1mmol/L=2.5kpa（19.3mmHg）。如果在开放状态下，用半透膜把两种渗透压不同的溶液隔开，压强是由低渗区指向高渗区，迫使高渗区液面提高，形成反作用力对抗低渗区形成的压强。这个压强其实是两种溶液的渗透压差。"（第一章第五节）低渗区里的水分正是靠这一压强差由低渗区进入高渗区的，直至两区的渗透压相等（渗透压差等于零）为止。这时分隔于半透膜两则的溶液所含溶质颗粒浓度便会变得相等。如果由半透膜分隔的两种溶液渗透压相同，即使渗透压很大，由于不存在渗透压差，因而两种溶液就不存在使水分由一侧流向另一则的推动力。

由此我们可以得出：**肾髓质重吸收原尿水分的动力靠的是渗透压差而非渗透压本身。**

肾髓质高渗性并非必然

现代医学教科书大都把成年人的肾髓质定性为高渗透性的细胞生存环境，这是把处于"高盐少水"生活方式下的特定的成年人肾髓质渗透压测定的结果，推广至普遍成年人的一个误判，其实人体肾髓质的渗透压是可变化的。

原尿水分在肾髓质的重吸收属被动重吸收，而重吸收的动力靠的是肾髓质不同部位的渗透压差，总体的重吸收流程如下表：

表 10.3-3 肾髓质重吸收水分流向和渗透压梯度

水分流向	肾小管和集合管→肾髓质→直小血管
渗透压梯度	低渗→中渗→高渗

究竟人体肾髓质在上表两个重吸收水分的环节中需要多大的渗透压差呢？这不是一个固定的数字，它随着肾髓质重吸收水分的多少而变化。从基本的物理常识来看，在相同的时间内，重吸收水分多的时候，渗透压差就要求大一些，反之亦然。

从表10.3-2 看到，肾髓质处理原尿总量为15.1L/d，由两部分组成：重吸收量和终尿排出量。亦即存在如下的等式关系：

重吸收量+终尿排出量=15.1L/d。移项得出的结果是：

重吸收量=15.1L/d－终尿排出量。

这一等式说明，重吸收量与终尿排出量存在一定的负相关关系。即是说，排尿增加一个数量，肾髓质重吸收就会减少相同的数量。而喝水量与排尿量又存在一定的正相关，我们把上述四者之间的数量关系列于表10.3-4。

10.3-4 喝水量、排尿量与肾髓质各环节的关系

	喝水量	排尿量	肾髓质重吸收量	重吸收渗透压差	尿液渗透压
变化	↑	↑	↓	↓	↓
	↓	↓	↑	↑	↑

（注：↑表示增加、上升，↓表示减少、下降。）

肾髓质内的渗透压存在如下等式关系：

肾髓质渗透压=集合管尿液渗透压+重吸收渗透压差。

由于集合管尿液渗透压与终尿的渗透压相近，因而肾髓质渗透压便随着终尿渗透压和重吸收渗透压差的变化而变化。表10.3-5显示了它们的变化关系：

表 10.3-5 肾髓质渗透压的可变性

	喝水量	终尿渗透压	重吸收渗透压差	肾髓质渗透压
变化	↑	↓	↓	↓
	↓	↑	↑	↑

由上面的分析已经知道，肾髓质的渗透压与喝水量成负相关，因而可以得出如下的结论：**成年人肾髓质的高渗性并非必然，而是随喝水量的增加而减少。**

第四节　从婴儿的肾脏得到的启示

与婴儿等效的成年人

为了以婴儿和成人肾脏的工作状况进行比较，需要虚拟一个与婴儿等效的成年人。下面以婴儿每kg体重及与肾溶质负荷相关的组分，放大为65kg体重的成年人作为"与婴儿等效的成人"。

表 10.4-1 是婴儿每kg体重及肾溶质负荷有关的组分。表 10.4-2 则是表 10.4-1数据×65。化解为"与婴儿等效成人" 有关肾溶质负荷的组分。

表 10.4-1 婴儿每kg体重有关肾溶质负荷的组分

成分	数量
总摄入水量［ml/（kg体重·d）］	113
蛋白质［g/（kg体重·d）］	1.4
钠［mmol/（kg体重·d）］	0.9

钾 ［mmol/（kg体重·d）］	1.7

（注：①数据来自表2.4-2的数据/6.2；②婴儿全母乳喂。）

表10.4-2"与婴儿等效成人"有关肾溶质负荷的组分

成分	数量
水（总摄水量）（ml/d）	7345
蛋白质（g/d）	91
钠（mmol/d）	58（约折食盐3.5g）
钾（mmol/d）	110

（注：①假定成人体重65kg；②数据由表10.4-1数据×65得出。）

把表10.4-2的数据代入尿液渗透压公式：

尿液渗透压＝｛［蛋白质（g）×5.7+（Na+ K）×2］/90%-95｝/（H_2O-1.27）

计算得出"与婴儿等效成人"的尿液渗透压＝141 mmol/L。

"与婴儿等效成人"和成年人肾髓质工作状况对比

表10.4-3 成人和"与婴儿等效成人"的肾髓部工作状况对比

状态	与婴儿等效成人	现代成人
①总摄入水（L/d）	7.3	2.5
②总摄入盐（g/d）	3.5	12
③原尿量合计（L/g）	180	180
④肾皮质重吸收原尿量（L/d）	164.9	164.9
⑤肾髓质处理原尿量（L/d）	15.1	15.1
⑥排尿量（L/d）	6.03	1.23
⑦排尿量占比（%）	40	8.1
⑧肾髓质重吸收原尿量（L/d）	9.07	13.87
⑨肾髓质重吸收原尿量占比（%）	60	91.9
⑩尿液渗透压（mmol/L）	141	765

表10.4-3的说明：

"婴儿"纵列有关数据来源：（1）①和②摘自表10.4-2；（2）③、④和⑤摘自表10.3-2；（3）⑥=①-1.27（1.27由表2.1-1

中的1.214+0.056而来；（4）⑦=⑥/⑤；（5）⑧=⑤－⑥；
（6）⑨=⑧/⑤；（7）⑩由尿液渗透压公式计算出来。

　　现代成人纵列有关数据来源：（1）①摘自表2.1-1，②摘自表
1.1-1；（2）③、④和⑤摘自表10.3-2；（3）⑥=①-1.27（1.27由
表2.1-1中的1.214+0.056而来）；（4）⑦=⑥/⑤；（5）⑧=⑤－⑥；
（6）⑨=⑧/⑤；（7）⑩由第二章第四节渗透压公式计算出来。

　　从上一标题的分析可以知道，对于肾功能正常的"与婴儿等
效成人"和现代成人来说，肾皮质对原尿重吸收的情况都是一样的
（164.9L/d），最后留给肾髓质处理的原尿量也是一样的（15.1L/d），
所不同的只是肾髓质重吸收原尿和排泄终尿的比例有所不同。

　　从上表得知，按排尿量占比分析，"与婴儿等效成人"是成人
的6.03/1.23=4.9倍；按肾髓质重吸收原尿量占比分析，"与婴儿等效
成人"只是现代成人的9.07/13.87=65%。

现代成人与婴儿肾髓质工作示意图

　　图10.4-1表示的是以"高盐少水"作为生活方式的现代成年人
与婴儿肾脏的浓缩机制。左边是肾小管，右边是与肾小管髓襻平行
的直小血管。未带括号部分数据为成人肾脏的原尿浓缩数据，排出
的尿液渗透压可高达1200mmol/L。从图中可以看到，**成人的肾不管
是肾小管或直小血管的内和外都是高渗透性的。为了达到排出高渗
尿的目的，须要形成高渗透压的肾髓质环境，以形成对原尿水分重
吸收的渗透压差动力。可以说，是高浓缩的终尿，逼高了成人肾髓
质的渗透压**（表10.3-5）。

　　带括号部分数据为婴儿肾脏的浓缩数据，排出的尿液渗透压只
有不到300mmol/L。正是由于婴儿终尿的低渗性，使肾髓质及在肾髓
质内的肾小管或直小血管无须形成高渗透压的环境即能产生对原尿
水分重吸收的渗透压差动力。可以说，是低浓缩的终尿，"逼低"
了婴儿肾髓质的渗透压（表10.3-5）。

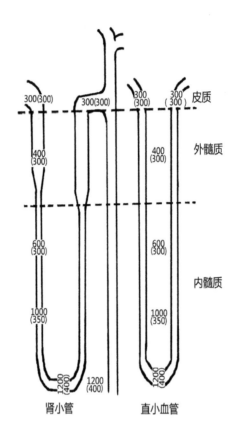

图 10.4-1成人与婴儿肾髓质浓缩机制示意图（单位mmol/L）

（注：未加括号为成人渗透压，加括号为婴儿渗透压。）

从婴儿的肾得到的启示

上述成人与婴儿肾髓质工作示意图的主要区别是：

① 由于成年人的"高盐少水"饮食，排出尿液的渗透压较高，高达1200mmol/L，从而使肾髓质必须形成高渗透压的环境，才能完成尿液内水分的重吸收，排出高渗透压的尿液。

② 由于母乳喂养的婴儿是典型的"少盐多水"饮食，排出尿液的渗透压很低（只有140mmol/L），重吸收的水分少，从而使肾髓质无须形成高渗透压的环境，就能完成原尿液内水分的重吸收，排出低渗透压的尿液。

我们在第十章第三节已经说明了肾髓质存在两个重吸收水分的过程：①由肾小管和集合管到肾髓质；②由肾髓质到直小血管。我们假定婴儿的肾功能是最合理的，直小血管内的渗透压能保持300 mmol/L，而两个重吸收环节的渗透压差均相等，从而算出婴儿在两个重吸收环节的渗透压差=（300–141）/2≈80。我们又假定，人肾髓部两个重吸收环节的渗透压差与重吸收量成正比，于是得到成人肾髓部两个重吸收环节的渗透压差=80×(13.87/9.07)=122。于是得到下表：

表 10.4–4 内髓部渗透压（mmol/L）

位于内髓部的组织	两个重吸收环节的渗透压差	集合管末端	肾内髓部	直小血管
成人	①122	②765	③887	④1010
与婴儿等效成人	⑤80	⑥141	⑦220	⑧300

表 10.4–4的说明：

⑧为假定；②和⑥的数据来自表10.4–3；③=②+①；④=③+①；⑦=⑥+⑤；⑧=⑦+⑤。

从表10.4–4可以看到，婴儿与成人肾髓质的渗透压是截然不同。婴儿肾髓质的渗透压很可能只有300mmol/L左右，甚至少于300mmol/L，与血液是接近等渗的。而现代成年人肾髓质的渗透压则超过1000mmol/L，是婴儿的3~4倍。

我们在第一章第二节已经论证了母乳对于人类生存的合理性和重要性。结论是，哺乳动物经过6500万年的自然选择，最终的结果是，母乳是最适合婴儿生长的，是婴儿的全营养素。

正是对婴儿最合理、最全面的营养素——母乳，使婴儿的尿液渗透压降到140mmol/L，从而使婴儿的肾细胞生存于动物细胞最适宜的300mmol/L左右的生存环境中。这是"上帝"对人类婴儿的特别眷恋（恐怕所有哺乳动物的婴儿也会得到同样的眷恋）。婴儿肾细胞的生存环境，给了成年人一个莫大的启示：我们为什么还非要用1200mmol/L的体液环境去折磨我们的肾细胞呢？

为什么"上帝"安排婴儿尿液的渗透压那么低？有专家学者的解析是，由于婴儿的肾功能仍未完全成熟，对浓缩尿的能力也低，这是为了保护婴儿未成熟的肾脏之所为。我们不禁要反问，如果"自然选择"降低婴儿尿液的渗透压，是为了保护婴儿未成熟之肾脏。那么，对成年人已成熟之肾脏，是不是就可以用高渗透压的尿液来随意糟蹋了呢？不是的，这只是现代人"高盐少水"的生活方式不自觉之所为。

第五节 "高盐少水"是肾病高发的一个因素

额外补充食盐是人类的特例

我们知道，人类最直接的进化祖先——猴和猿从来都不需要额外补充食盐，它们的食盐完全来源于食物；人类的婴儿也不需要额外补充食盐，他们的食盐也完全来源于乳汁；可以说，在地球上的所有物种中，唯独人类需要额外补充食盐(除母乳喂养的婴儿外)。说明生物界补充食盐并不是必然的，我们在第五章已经论证了人类在这方面是一个特例。

自从5000年前人类逐渐把谷类作为主食需要引入食盐后，就注定人类无法自觉控制食盐摄入量。近百年来，由于饱食趋生美食，美食需要调味，调味使用食盐。人类饱食的结果，味蕾的反应变得越来越迟钝，口味变得越来越重。食盐便由身体功能的需要，演变成人们口味的需要，变成美食文化的需要。这就是人类摄入食盐越来越多的文化背景。高盐摄入加上少喝水，这就是现代人高渗透压尿液产生的原因。"高盐少水"不但是人类高血压和糖尿病的发病原因之一，同样也是人类肾病越来越高发的一个因素。

肾细胞的特殊功能

我们知道，人体绝大多数细胞都生存在300mmol/L左右的体液环境，这是生物经过几十亿年进化而优选出来的细胞生存环境。据说大多数动物的体液渗透压都在300mmol/L左右，就连细菌、病毒都喜欢钻到这样的体液环境中生活。生物学家进行各种细胞的体外培养，也大都喜欢选用人类的血清作为培养基，而血清的渗透压也在300mmol/L左右。

人体的肾细胞有着特殊的功能，也只有肾细胞有这样的功能，它们能生存于1200mmol/L的渗透压环境里。这恐怕是因为3.5亿～2.3亿年前，地球某些区域曾经处于极度干旱的环境，迫使鱼类上岸，成为两栖动物，进而向爬行动物演化。在缺水及食物缺乏食盐的状况下，两栖动物和爬行动物才需要逐渐形成高渗透压的肾内环境，以保留体内的水分和食盐。

然而这仅仅是迫不得已而为之，非细胞自愿。正是因为这样，陆地上的动物才进化出具有70%富余的肾脏，用以应对极端缺水及食物缺乏食盐的环境。陆生动物每每遇到这样的生存环境，部分肾单位就有可能作出牺牲。虽然已经损坏的肾单位大都不能修复，但是只要肾单位还保留30%以上，陆生动物还能正常地生存。可以说，陆生动物肾细胞所处的1200mmol/L体液环境只是它们在干旱环境的一种特殊功能，发挥这样的功能，肾脏是要付出代价的。

在正常的环境下动物的尿液都会回复低渗性

陆生动物一旦找到水源和食物，这些动物的肾细胞就会回复到300mmol/L左右的生存环境。我们只要看一看猴及人类的婴儿在正常环境生活时尿液的渗透压就可一目了然（表10.5-1）。

表10.5-1 灵长目摄入水/盐与尿液渗透压

项目	总摄入水	总摄入盐	尿液渗透压
单位	（L/d）	（g/d）	（mmol/L）
①猴	5	4	167
②与成人等效的婴儿	7.3	3.5	141
③"少盐多水"生活方式	5	5	177
④"高盐少水"生活方式	2.5	12	765

（注：①、③、④行的水/盐摘自第一章和第二章的相关论述；①、③、④行的尿液渗透压以相关水/盐数据在表2.4-7查找；②行的三个数据均在表10.4-3获得。）

从表10.5-1 可以看到，自然生活环境下的灵长目（包括猴及母乳喂养的人类婴儿）都没有额外补充食盐，它们的尿液渗透压都是很低的，这时它们的肾脏体液必然是在最佳的300 mmol/L的环境下。

"高盐少水"使肾细胞处于恶劣的内环境

表10.5-1 同时也揭示了，在灵长目中只有现代人类才会采取"高盐少水"的生活方式。而"高盐少水"使肾细胞处于异常恶劣的生存环境中，这时肾细胞才容易发生病变。

我们再来看一看红细胞在各种渗透压环境中的形态变化（图10.5-1），其中百分数字是食盐的浓度。0.9%的盐水是生理盐水，是血液的等渗盐水，渗透压为313mmol/L，1.5%的盐水渗透压为522 mmol/L。从图中可以看到，红细胞在1.5%的盐水里，细胞内的水分会跑出细胞外，细胞出现坍塌现象。细胞坍塌的程度通过下面的计算便可一目了然。

假设某一生活在300mmol/L体液环境的球形细胞的直径为D，这个细胞的体积则为1/6（πD^3），面积为πD^2。将这个细胞按渗透压逐步递增的通道由300mmol/L移至1200 mmol/L的体液环境。设细胞在1200 mmol/L的体液环境中的直径变为d，细胞的体积则变为1/6（πd^3），面积变为πd^2。由于细胞膜是半透膜，细胞内外的渗透压必须相等。300mmol/L的细胞溶胶要变为1200mmol/L，必须排出相当数量的水分，细胞的体积就要变小，体积将缩小约为原来的300/1200=25%，由于细胞外部分溶质会移入细胞内，假设这个数字调整为30%。

列出方程式：1/6（πd^3）=30%〔1/6（πD^3）〕

解方程得：d=0.67D

细胞膜的表面积变为：πd^2=π（0.67D）^{2}=0.45πD^2

如果球形不变，细胞膜的表面积就要缩小为原来的45%。如果表面积不变，细胞就会变形，出现皱缩现象（参阅图10.5-1）。

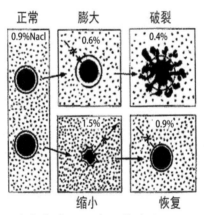

图 10.5-1 红细胞在高渗、低渗及等渗溶液的体积变化

（《人体生理学》[6]P60）

如果肾髓质长时间处于高渗透压的环境，肾细胞的功能会出现如下的变化：

1. 肾细胞变形后，细胞膜变得紧密起来，原有的孔隙会缩小，不利于肾细胞与外界的物质交换；

2. 坍塌后的红细胞携带和交换氧气和二氧化碳的能力减弱，不利于肾细胞的代谢；

以上两条直接影响着处于高渗透压下的肾细胞的代谢，容易造成肾细胞的坏死。

3. 坍塌后的白细胞免疫功能也会大打折扣，致使细菌、病毒有机可乘，容易出现感染性肾病；

4. 如同位于肾内髓部的肾小管直径会缩小一样（图10.1-1），处于高渗透压环境的直小血管的直径也会缩小。

由于肾具有双重血管网的结构，处于肾髓质内微血管直径的缩小，会影响到整个肾单位的血流量，这会从如下两方面影响肾的功能：①降低了肾细胞的代谢；②减少了肾小球原尿的滤过量。

现代成人肾的能耗比婴儿肾的能耗大得多

"肾脏在尿生成过程中需要大量的能量供应，其耗氧量约占机体基础耗氧量的10%。因此，肾血流量远超过其代谢需要。"（《人体生理学》[6]P245）我们在第三章第四节已经论证了如下的结论："每100g的肾脏能量消耗是每100g机体平均能量消耗的25倍。"由此可以知道，肾细胞是人体负荷最重的细胞群。肾脏如此大的能量消耗主要并不是花在肾细胞的代谢上，而是花在原尿液的重吸收过程中。

如果从机器的角度分析，消耗能量越多，负荷就越重，就越容易损坏。这一个能量消耗的道理完全适用于人体的各个组织器官，肾脏也不例外。

婴儿与现代成人肾脏负荷对比的差别在如下三方面：

1. 现代成人在肾髓质重吸收原尿量(13.87L/d)是"与婴儿等效成人"在肾髓质重吸收原尿量(9.07L/d)的1.5倍，（数据参照表10.4-

3）而重吸收原尿越多，能量消耗就会越大；

2. 在对原尿重吸收过程中，现代成人需要形成和保持肾髓质的渗透压(1200mmol/L)比婴儿在肾髓质的渗透压(300 mmol/L)高很多，这需要额外消耗较多的能量；

3. 现代成人在肾髓质重吸收水分时，需要克服由1200mmol/L到300mmol/L的渗透压差，也即水分由尿液（1200mmol/L）重吸收到血液（300mmol/L），由于是逆渗透压梯度吸收水分，因而需要消耗很多能量；而婴儿则是由140mmol/L(集尿管渗透压)到300mmol/L(血管渗透压)输送水分，由于是顺渗透压梯度吸收水分，这是无需能量(或能耗很少)的重吸收过程。

上述现代成人与婴儿的比较其实是"高盐少水"与"少盐多水"两种生活方式的比较。也即是说，"高盐少水"生活方式的肾脏负荷比"少盐多水"生活方式的肾脏负荷重得多。当现代成人的肾细胞处于疲惫不堪的时候，不但会因"劳累"失去功能，而且容易被毒物毒害形成中毒性肾病，甚或被细菌、病毒侵入出现感染性肾病。

高蛋白饮食也是肾病发生的重要因素

除了"高盐少水"是肾病高发的一个因素外，高蛋白饮食也是一个重要的因素。由于生活条件越来越好，现代人在"高盐少水"的饮食习惯下容易叠加高蛋白饮食，更使肾脏的负荷不堪重负。

上面有关现代成年人尿液渗透压的计算，均假定按每kg体重摄入1克蛋白质的情况下进行（表2.4-7），即65kg体重的成年人每天摄入65g蛋白质（相当于325g瘦猪肉或535g鱼）。如果把肉食量翻倍，即每天吃瘦猪肉650g，现代成年人尿液渗透压的计算结果就要加上如下的数值：

增加的尿液渗透压数值=蛋白质（g）×5.7/（H_2O-1.27）。

$$=65 \times 5.7/（2.5-1.27）$$

$$=301 \text{ mmol/L}$$

这时这个成人尿液的渗透压就要由765mmol/L增加301mmol/L变为1066mmol/L了（接近增加了40%）。因此我们是决不能忽视摄入过多的蛋白质对肾功能的影响的。

如果每天总摄入水改为5L（其中1.3L是固体食物及代谢水，3.7L是喝水），成年人再增加65g蛋白质后，增加的尿液的渗透压则变为99mmol/L，这时在"少盐多水"生活方式下成年人的尿液总渗透压也只会变为接近250mmol/L。可见，现代人如果是采取"少盐多水"的生活方式，即使吃肉多一点也不会造成太大的恶果。

根据黑龙江省乳品工业研究所由邱韬珉和李涛联著的一篇研究报告《高渗透压婴儿配方奶粉与婴幼儿肾结石形成原因分析》介绍："**得慢性肾病的婴儿中，以吃奶粉而又没有控制好配方奶粉的肾溶质负荷者居多。**"（摘自《2009年第二届国际食品安全高峰论坛论文集》）这是由于人们在为婴儿冲调奶粉时没有考虑"肾溶质负荷"。他们着急起来，担心孩子吃不饱，于是在奶粉里少加水，冲得浓一点，耐饥的时间长一点，以为这样可以减少喂奶粉的次数，这是非常错误的做法。它会使婴儿尿液的渗透压提高，肾细胞负荷加重，不但有可能形成肾结石直接损伤肾脏，而且为药物毒害肾细胞和细菌、病毒侵入肾细胞大开了方便之门。这正是"高蛋白+少水"惹的祸。

第六节　"少盐多水"能够有效地保护肾脏

按"少盐多水"生活方式成人肾细胞的生存环境

从比较表10.5-1的数据可以看到，由于"少盐多水"的生活方式喝水量增加到3.7L/d，补充食盐量减少到4g/d，排出尿液的渗透压降为177mmol/L，与婴儿尿液的渗透压（141mmol/L）相近。处于这样水/盐摄入量的成年人，肾细胞的生存环境虽然比婴儿肾细胞的生存环境稍差，但已经比以"高盐少水"为生活方式的成年人好很多了。下面仍按表10.4-4的思路，设以"少盐多水"为生活方式的成人"两个重吸收环节的渗透压差"和"与婴儿等效成人"的相同，都是80mmol/L，得到表10.6-1：

表 10.6-1 以"小盐多水"生活方式成人
内髓部渗透压（mmol/L）

位于内髓部的组织	两个重吸收环节的渗透压差	集合管末端	肾内髓部	直小血管
"少盐多水"生活方式	80	177	257	337

只要比较表10.6-1与表10.4-4的数据就可以看到，以"少盐多水"为生活方式的成年人肾髓质细胞的生存条件已经与婴儿相近。肾髓质的渗透压都接近血浆的渗透压。

成年人水/盐的优化配置

究竟成年人的肾髓质细胞是不是存在最优的生存条件呢？如果存在，这样的生存条件又可以如何划定呢？下面是我们的思路，这恐怕又是我们的一个创造。

由于肾髓质渗透压与尿液的渗透压存在着正相关的关系，因而我们可以用尿液渗透压制定肾髓质细胞的最优生存指标。我们的主张是，从保护肾脏和保持体液年轻的角度出发，尿液的渗透压不应大于250mmol/L，最好是小于或等于200mmol/L，这样才能保证肾髓质所有细胞都生存在安全的体液环境中，且使体液中的废物能及时排出体外。下面以尿液的渗透压=200mmol/L作为计算指标确定水/盐的最优摄入量。

尿液的渗透压主要与以下三项食物的摄入量有较大的关系：

①喝水量；②食盐量；③蛋白质摄入量。我们把蛋白质摄入量固定一个数值（1g/kg体重），这一个数值对中国人来说应该是够高了，一个65kg体重的成年人，每天摄入65g蛋白质，相当于每天吃进325g猪瘦肉或535g鱼。因而我们在固定蛋白质摄入量的情况下对"喝水量"与"食盐量"进行优化（表10.6-2）。

表10.6-2"喝水量"与"食盐量"最优关系数值

喝水	摄入量（L/d）	4	4.5	5
	补充量（L/d）	2.7	3.2	3.7
食盐	摄入量（g/d）	≤2.5	≤5	≤8
	补充量（g/d）	≤1.5	≤4	≤7

（注：表中数据按与"尿液渗透压=200mmol/L"的相近值在表2.4-7查取。）

第七节 "少盐多水"还能降低重金属的危害

科技是一把双刃剑，20世纪以来科学技术突飞猛进，促进了经济的发展，提高了人民的生活水平，然而，与此同时，人类也付出了惨重的代价。由于工业"三废"和机动车尾气的排放、污水灌溉及农药、除草剂、化肥等的使用以及矿业的发展，重金属已经严重地污染了土壤、水质和大气。重金属污染对环境和生物的危害性极大，同时亦容易通过食物链聚集起来，因此，已经引起了全世界各国的高度重视。

对于生活在地球上的每个人，由于都需要呼吸、喝水和食物，身体健康都免不了受到重金属污染的危害。如果重金属污染物通过空气、水、食物进入人体，超过了人体的排泄能力，就会在人体内各组织器官积累起来，损害人体的肝、肾、心血管、神经、关节等器官，甚至致癌。

我们所能做的，除了大力倡导并身体力行减少环境污染外，就是改善个人的生活方式，以达到增加体内重金属的排泄能力，从而降低体内重金属的残留量，确保身体安全与健康。我们提倡的"少盐多水"生活方式不失为一种简单、可行而且有效的生活方式。下面我们以"少盐多水"和"高盐少水"两种生活方式对体内重金属排泄的差异进行分析。

表10.7-1是两种生活方式原尿量与终尿量的对比。从表中可以看到，两种生活方式的原尿总量都是180L/d，原尿的绝大部分经过肾小管和集合管时被重吸收，只有小部分形成终尿排出体外。由于终尿是由"总摄入水"－"不感蒸发及粪便排出水"得到，因而"少盐多水"生活方式的终尿量为3.73 L/d，"高盐少水"生活方式的终尿量为1.27 L/d，前者是后者的3倍。

表10.7-1 两种生活方式原尿量与终尿量对比

生活方式	"少盐多水"	"高盐少水"
①总摄入水（L/d）	5	2.5
②固体食物含水（L/d）	1.3	1.3
③补充水（L/d）	3.7	1.2
④总摄入盐（g/L）	5	12
⑤固体食物含盐（g/L）	1	1
⑥补充盐（g/L）	4	11
⑦不感蒸发及粪便排出水（L/d）	1.27	1.27
⑧原尿量（L/d）	180	180
⑨终尿量（L/d）	3.73	1.23

（注：③=①-②；⑥=④-⑤；⑨=①-⑦；⑧查表10.3-1；①、②、④、⑤、⑦的数据来自第一章和第二章相关陈述。）

上面所述的原尿其实是血浆经过肾小球时形成的滤过液，表

10.7-2 是血浆与滤过液的部分成分的分析数据。从表中数据可知，血浆与滤液的溶质大体上只有蛋白质是不同的。这一数表说明，大分子的蛋白质很难通过肾小球的滤膜。事实上，"（肾小球）滤过膜的最大孔道直径为7nm左右，分子量超过69000，半径大于3.5nm的物质分子，一般难以通过。……血浆蛋白的分子量为69000几乎不能通过"。（《人体机能学》[5] P266）而包括重金属在内的小分子物质则是能够轻易通过肾小球的滤膜。这一结论说明，血浆与原尿的重金属含量几乎是相等的。

表10.7-2 血浆与肾小球滤液部分成分的分析数据

（《人体生理学》[6] P247）

成分	血浆（g/dl）	滤液（g/dl）	成分	血浆（g/dl）	滤液（g/dl）
水	90	98	$H_2PO_4^-$	0.004	0.004
蛋白质	8	0.03	HPO_4^{2-}		
葡萄糖	0.1	0.1	尿素	0.03	0.03
Na^+	0.33	0.33	尿酸	0.004	0.004
K^+	0.02	0.02	肌酐	0.0011	0.001
Cl^+	0.37	0.37	氨	0.0001	0.0001

当然，在原尿中的重金属经过肾小管和集合管时还存在重吸收和分泌现象，由于肾小管和集合管对重金属的重吸收和分泌起的作用互为抵减，况且，"少盐多水"与"高盐少水"相比较，原尿在肾小管和集合管的流速明显提高（约3倍），对重金属的重吸收和分泌明显减弱。由此，我们假定肾小管和集合管对重金属的重吸收和分泌的综合效果对终尿重金属的浓度影响不大。最后的结论是：**"少盐多水"的生活方式每天排泄重金属的量是"高盐少水"生活方式的3倍。因而采取"少盐多水"生活方式具有降低体内重金属残留量的功能。**

第十一章 水-盐摄入与胃肠病

第一节 消化系统简介

消化器官由消化管和消化腺组成，它的主要生理功能是对食物进行消化和吸收，从而为机体新陈代谢提供必不可少的物质和能量来源。因而，消化管和消化腺的畅通成为消化器官正常工作的一个重要条件。为此我们首先需要简单地了解消化系统的组成（如图11.1-1）

消化管

消化管是一条由口腔开始一直到肛门止中间没有间断的管道，总长度约为8m，其中小肠（包括空肠—回肠）6m，大肠（包括结肠—直肠）1.5m。人们把它划分为如下的部分：口腔→食管→胃→十二指肠→空肠→回肠→结肠→直肠→肛门。这条管道粗细不一，在口腔和胃形成膨大的部位。

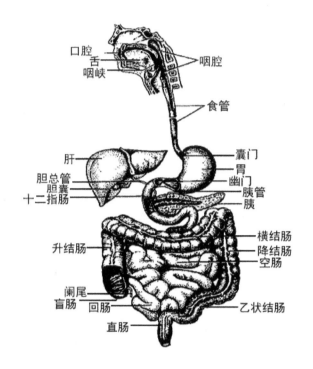

口腔
舌
咽峡
咽腔
食管
肝
胆总管
胆囊
十二指肠
贲门
胃
幽门
胰管
胰
横结肠
降结肠
空肠
升结肠
阑尾
盲肠
回肠
乙状结肠
直肠

图11.1-1 消化系统的组成

（《人体结构与功能》[9] P336）

人类消化管道的原型可以追朔到4.5亿年前，当动物进化到腔肠动物及环节动物（如现存的蚯蚓）阶段时，动物仅仅由一条"肠管"组成。进化的结果，逐步形成各种体腔。"肠管"保留下来，变成后来各类型动物的消化管。腔肠动物及环节动物其实也是人类消化管的原型。我们只要看一下人类消化管仍然保留有一套完全可以独立运作的"内在神经丛"就可知其进化的轨迹。据说，动物的消化管从动物体分离出来后，仍可以自主地运作一段时间。

根据医疗机构检验得知，人体进食后，食物在胃的停留时间为2～4h，在小肠停留为4～8h，在大肠的停留时间弹性较大，在12～36h之间。

由口腔——食管——胃——十二指肠这一段管道，主要是对食物起消化的作用。分别进行机械性消化和化学性消化，对食物进行机械碾碎和化学分解，把食物分解为小分子物质，便于小肠的吸收。

由空肠→回肠，这是营养物质的消化吸收管段，是最长的一段消化吸收管道。既有消化，又有吸收，但以吸收为主。小肠黏膜上的皱褶有许多绒毛，总的吸收面积达到200m^2。

由结肠→直肠的主要功能是吸收水分，形成和贮存粪便。这是人类潜伏着诸多健康危机的消化管段。

消化腺

消化液由分布于消化道黏膜的各种腺体和附属于消化道的各种消化腺所分泌，人体的消化腺有唾液腺（腮腺、下颌下腺、舌下腺）、胃（胃腺、胃黏液腺）、十二指肠腺、肠腺、胰、肝等。各种消化腺分泌的消化液的作用及数量如表 11.1-1 。每天分泌的消化液总量达6～8L。

消化腺总的功能主要有：① 分解食物中的营养物质；② 为各种消化酶提供适宜的pH环境；③ 稀释食物，使消化道内容物的渗透压与血浆渗透压接近，有利于营养物的吸收；④ 所含的黏液、抗体等有保护消化道黏膜的作用。

消化腺的分泌过程是腺细胞主动活动过程，它包括由血液内摄取原料，在细胞内合成分泌物，以及将分泌物由细胞内排出等一连串的复杂活动。

表 11.1-1 各种消化液的作用及数量

消化液	组成与成分	功能
唾液 1～1.5L	腮腺	1. 湿润口腔与食物
	颌下腺	2. 清洁和保护口腔
	舌下腺	3. 溶解食物
	小唾液腺	4. 抗菌 5. 消化

174 健康新思维

续表 11.1-1 各种消化液的作用及数量

消化液	组成与成分	功能
胃液 1.5~2.5L	盐酸	1. 激活蛋白酶原 2. 分解食物， 3、杀菌 4. 溶解Ca、Fe 5. 促进胰液胆汁分泌
	胃蛋白酶原	水解蛋白质
	黏液和HCO_3^-	保护胃黏膜
	内因子	结合B_{12}，使易于吸收
胰液 1.5L	蛋白水解酶	使蛋白质分解为多肽等
	淀粉酶	水解糖类
	脂肪酶	分解中性脂肪
	无机物	
胆汁 0.6~1.2L	胆盐	消化脂肪
	磷脂	乳化脂肪
	胆固醇	通过肝脏合成胆汁酸
小肠液 1.8L	肠黏液	保护肠黏膜
	肠激酶	激活胰蛋白酶原

第二节 胃肠病概述

胃肠病的特点及发病率

"胃肠病是常见病多发病，总发病率占人口的20%左右。年龄越大，发病率越高，特别是50岁以上的中老年人更为多见，男性高于女性，如不及时治疗，长期反复发作，极易转化为癌肿。胃肠病历来被医家视为疑难之证，一旦得病，应及时治疗、长期服药，才能控制或治愈。"（百度百科"肠胃病"词条）

"肠胃病的种类很多，包括：慢性肠炎、结肠炎、慢性胃炎(浅表性、糜烂性、萎缩性、反流性)、胃窦炎、胃溃疡、胃出血、胃穿孔、十二指肠溃疡等。"　　（百度百科"肠胃病"词条）

"胃病是一种慢性病，不可能在短期内治好。治病良方就是靠'养'，急不来，只能从生活习惯的改良中获得。我们都需要一个好的胃，这些习惯的改变都是必需的。"（百度百科"肠胃病"词条）

胃肠病发病因素分析

胃肠病分两大类，一类是器质性胃肠病（存在实质组织的损伤），一类是功能性胃肠病（由精神应激因素引起），本章谈及的是器质性胃肠病。

表 11.2-1 列出了引起胃肠病的各种因素。其中"喝水过少"、"吃盐太多"、"高糖饮食"这三条是我们与流行的传统观点最大的区别。当今的医学界在对于引起胃肠病的生活方式绪因素中，大都只注重于"食物"方面的因素，而没有对"喝水"、"食盐"及"高糖"给与足够的重视。正是因为这样，胃肠病的发病率才随着人们的生活水平不断提高而增加。

表11.2-1 引起胃肠病的各种因素

饮食因素	饮食无规律
	辛辣刺激性食物
	不洁食物
	过冷、热、硬食物
	吸烟、酗酒
	高糖饮食与零食
	高盐饮食
	喝水过少

（续表）

	精神压力过重
精神因素	忧郁、焦虑
	由功能性胃肠病转化
	血管阻塞
其他因素	血容量低
	幽门螺杆菌感染
	有益菌失衡、药物

"高盐少水"是胃肠病高发的重要原因

我们把"高盐饮食"、"喝水过少"与"高糖饮食"都看成是现代人胃肠病的重要原因，这是本书有别于传统观点的地方。

糖类食物在胃的消化是排空最快的一类食物，"高糖饮食"使食物在胃的停留时间缩短，难免容易把胃酸带到十二指肠，这是十二指肠溃疡一个不容忽视的原因。这方面我将在《健康新思维（二）》详加阐述。

本章书主要阐述水－盐的摄入与胃肠病的关系。**胃肠疾病是否在一个人身上发生，与如下的胃肠自身的功能是否完好有关：**

（1）胃酸的分泌是否与进食食物同步；

（2）损伤了的胃肠壁能否有足够的时间进行修复；

（3）胃肠壁是否有足够的黏液进行保护；

（4）胃肠的蠕动是否正常；

（5）食物在胃肠内停留的时间是否恰当；

（6）胃肠的供血量是否足够；等等。

在下面的第3～7节书里，我们将从正面阐述"少盐多水"及通过"牛饮"补水的方法，可以保护和发挥好正常的胃肠功能，致使胃肠病不容易发生。从而反证出现代人"高盐少水"的生活方式使人体的胃肠功能紊乱，是胃肠病高发的一个重要因素。

第三节 "牛饮"可对消化管
进行通渠式的清洗

何谓"肠要常清"

俗话说："人要长生，肠要常清。"比较多人对这句话的理解主要是把目光集中在大肠食物残渣的"常清"上。而我们理解的"肠要常清"则是从口腔到肛门之间8m长的消化管道的"常清"。怎样才能达到从口腔到肛门之间8m长的消化管道的"常清"呢？"牛饮"是一个可取的方法。

在第七章第三节，我们对"牛饮"作了一个特定的定义：早上起床后空腹在短时间内分4次喝完1L白开水。以"45分钟牛饮"为例，四次喝水的时间间隔是15分钟，每次一口气喝完250ml，喝完1L白开水的总时间是45分钟。

胃及小肠的清洗

当食物进入胃部，胃的排空受肠－胃反射控制。"牛饮"之所以采用白开水，原因之一就是使胃的排空加快，每次喝完的250ml水能在5分钟之内排往小肠。所谓肠－胃反射控制，就是十二指肠壁上有一个机械感受器和化学感受器，其中化学感受器能感受胃的排空物的营养成分，反射性地控制胃的、幽门的开启度。对难消化的食物（如脂肪），开启度缩小，减慢排空，让这类食物在胃内停留时间长一些；对易消化的食物（如糖类），开启度增大，加快排空，让这类食物在胃内停留时间短一点。白开水完全没有几大营养素，胃对它的排空时间最短，250ml水可在5分钟之内排往小肠。

同时，由于"牛饮"的方法是每次一口气喝完250ml水。口腔的吞咽、食管的蠕动、以及250ml水的容量和重量瞬间对胃的刺激，促使胃作出"头期反应"，整个消化系统都会运动起来，这就使1L水在45min时间内布满小肠，甚至到达盲肠段。

小肠内壁存在黏膜皱襞和绒毛的结构。其中绒毛生长在黏膜皱襞，这种柔软的器官就好象密生在地毯上的绒毛一样，数量达500万根。黏膜皱襞和绒毛的结构使小肠内壁的吸收面积增加为$200m^2$。相当于光滑小肠内壁面积（$0.5\ m^2$）的400倍。小肠上的绒毛数量之多，密度之大，可想而知。

小肠经过一天对食物的消化吸收，黏膜皱襞和绒毛之间多少都会存在一些食物的残渣。如同对地毯每天都要用吸尘器清除地毯绒毛里的灰尘一样，对小肠黏膜皱襞和绒毛之间的食物残渣，每天也应该进行一次大扫除。每天一次的"牛饮"正好承担了这项工作。经清洗后的小肠，吸收面积会增大，对食物的吸收速度就会加快，食物在小肠停留时间就会缩短。

盲肠的清洗

回肠的出口有一个叫回盲瓣的器官与大肠连接，回盲瓣的下方正是大肠的盲区——盲肠（如图11.3-1）。这是消化管道的一个"死角"。

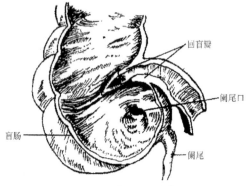

图11.3-1 盲肠的结构图
（《人体结构与功能》[9] P360）

盲肠这个"死角"是最容易积存食物残渣的，特别是当胃肠动力不足的时候。这大概也是阑尾炎发生的一个原因吧。如果每天进行一次"牛饮"，在空腹的情况下，1L水在短时间内进入消化管道，刺激胃肠动力增加，部分水会进入盲肠区，利用升结肠的蠕动，水便把盲肠区内的食物残渣带到横结肠上，达到清洗盲肠"死角"的目的。

消化吸收功能得以恢复

一般来说，由于小肠的绒毛的数量之多（6m长的小肠内壁长有500万根绒毛），和密度之大（1mm²的小肠内壁有10根以上的绒毛），经过一天的消化吸收，难免在绒毛之间藏污纳垢。这样无形中减少了小肠的吸收面积，消化吸收功能就打了折扣。由于小肠消化吸收功能下降，小肠释放的肠抑胃素的数量就会增加，释放的时间也会延长，造成胃对食糜的排空减慢，肠管的蠕动减弱，无形中延长了整个消化吸收的时间。

利用"牛饮"对消化管进行通渠式的清洗后，由胃到小肠甚至升结肠都会是干干净净的，基本上不存在食糜和残渣，甚至藏于小肠皱褶及绒毛之间间隙的食物残渣都给冲洗掉。这样，小肠的吸收面积恢复了原来的容貌，整个消化系统的消化吸收功能得以复原。食物在整个消化管道的停留时间就会大大地缩短。

我们每天利用早上"牛饮"1L水的方式对消化管进行通渠式清洗后，食物通过小肠的时间很可能只需4h，而且每隔1h我又以"牛饮"的方式补充250ml水，胃肠每1h都受到蠕动的刺激，这样位于大肠的菌群就较难进入小肠区域。由此食物在我们的体内停留的时间一般都在18小时左右，不会超过24小时。

第四节　"牛饮"诱骗大肠蠕动
——彻底清除粪便

便秘的危害

便秘是指长期排便不顺的状态，其发生原因就是因为某种因素导致肠蠕动不畅，使粪便滞留在大肠内，而不产生便意的状态。

亚柏索那·雷恩爵士说过："约有90%的慢性病由便秘而来的。"在中国也有所谓"便秘是百病之源"的说法。这些评说未免有夸大之嫌，还需要医学部门再作深入探求。便秘对身体虽没有即时的危险，但根据流行病学的统计，便秘确是人体健康一个重大的隐患。

便秘使大肠中的食物残渣积存过多和停留时间过长，使肠道中的细菌大量繁殖，细菌在食物残渣活动的结果，产生不少对人体有害的物质，如硫化氢、吲哚、粪臭素、胺和二级胆汁酸等。这些有害物质不但直接刺激大肠内皮黏膜细胞，使之出现病变，如肠炎、肠息肉、痔疮、肠癌等；而且吸收入血，通过血液循环，带到体内各个组织器官，使各组织器官的健康同样受到威胁。

目前在全世界的恶性肿瘤发病率中，肠癌排在第三位，仅次于肺癌和胃癌。而在中国，肠癌的发病率20世纪80年代排在第7位。20多年来已经跃升至第4位。肠癌的发病率与饮食有关，也与便秘有关。据调查，大多数肠癌患者在发病前有较长一段时间的便秘史，嗜好肉食兼有便秘的人群肠癌的发病率是常人的2倍。

"十年前美国的《科学杂志》已经指出，乳腺癌的间接原因是便秘。"（《肠内革命》[15] P9）

"根据该杂志的报道，美国加州大学从接受乳腺癌预防检查的女性乳房筛检细胞中，发现每周排便二次以下（亦即便秘状态）的女性，占乳房拥有异常细胞（是指容易转化为癌细胞）之女性中的绝大多数。"（《肠内革命》[15] P9）

"另一方面，一天排便一次以上的女性，仅占乳房拥有异常细胞的5%。证明了慢性便秘的女性，导致乳腺癌的可能性比较高。"（《肠内革命》[15] P9）

主笔曾经也有过痔疮的苦恼，每1～2个月总要发作一次，其时，大便后肛门突出一个肿块，总要滴血一段时间。使用栓塞类药物总是治标不治本。自从实施早上空腹"牛饮"1L水后，几十年来这样的烦恼从来都没有再出现过。近十年来在每年体检中的"肛门指检"也没有发现任何异样，恐怕原来的痔疮也都萎缩了。

消化管的运动功能

由口腔到肛门之间的消化管都有各自的运动功能，但大同小异。现以小肠的运动功能作说明。

1. 紧张性收缩

这是小肠功能运动进行的基础。只有小肠处于紧张性收缩时，肠内容物的混合和转运才能加快进行。

2. 分节运动

这是小肠特有的运动形式。它是一种以环行肌舒缩为主的节律性运动，在食糜所在的一段肠管，环行肌在许多点上同时收缩，把食糜分割成许多节段，随后原来收缩处舒张，而原来舒张处收缩，使每个节段又分为两半，而邻近的两半食糜又合拢形成一个新的节段，如此反复进行。（图11.4-1）

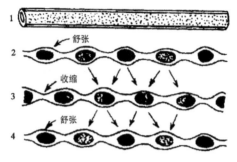

图 11.4-1 小肠的分节运动模式图

（《人体结构与功能》[9] P360）

3. 蠕动

蠕动是小肠肌肉顺序收缩而产生的一种将其内容物向前推进的波形运动。食糜前部为一收缩波，后部为一舒张波，食糜被推送前进。当吞咽动作发生及食糜进入十二指肠时，小肠还有一种进行速度很快，传播距离较远的蠕动，称为蠕动波。（图 11.4-2）

大肠的蠕动波又叫集团蠕动。这种运动每天只发生数次，多在早晨或进餐后产生，它是由食物充胀胃肠壁引起的一种反射活动，故称胃-结肠反射。集团运动通常自结肠开始，把大肠内容物直接送到结肠下端或直肠而产生便意。

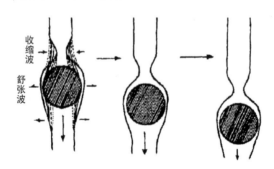

图11.4-2 小肠蠕动模式图

（《人体机能学》[5] P251）

"牛饮"诱骗肠管产生蠕动冲和集团运动

"牛饮"对消化系统的刺激有如下几个方面：

1. 对口腔的刺激

一口气喝完250ml水，口腔连续数次的吞咽动作和食管连续数次的蠕动。刺激唾液的分泌，并为下段消化器官的活动起到启动作用。

2. 对胃的刺激

由口腔的吞咽动作对咽、食管等处感受器的刺激反射性地使胃液出现"头期分泌"；250ml水进入胃后，对胃的重力和容量刺激，使胃液出现"胃期分泌"；几分钟后，胃开始排空，由于空腹"牛饮"白开水没有几大营养素，胃排空加快。

3. 对小肠的刺激

吞咽动作已使小肠作出蠕动；由于250ml水对胃的刺激，胰液、胆汁和小肠液均作出适量分泌的反应；同时小肠会出现小型的"蠕动波"。

4. 对大肠的刺激

由于250ml水充胀胃肠壁通过胃-结肠反射引起大肠出现小型的"集团蠕动"。

在"牛饮"过程中，1L水分4次在空腹的情况下进入消化系统，小肠会出现4次"蠕动冲"，使小肠中的水，不断往前推进。大肠也会出现4次小型的"集团蠕动"，大肠中的食物残渣也会逐级往前推动。降结肠的残渣被推进到直肠；横结肠的残渣被推进到降结肠；升结肠的残渣被推进到横结肠，如此逐级推进。食物残渣进入直肠即会产生便意。

"牛饮"初始，消化系统会出现较强烈的反应，这样的反应会延续1～3个月。反应的结果是，在"牛饮"过程或"牛饮"后的1个多小时内，出现3次或以上的大便。第一次是降结肠的残渣，第二次是横结肠的残渣，第三次是升结肠的残渣。三次大便的硬度不同，形态各异。最后来的大便，很可能会出现稀便或水便。读者也不要过于紧张，你的消化系统不可能被你欺骗太长时间，过了1～3个月后，消化系统的反应就不会那么强烈，你就可以恢复在"牛饮"过程中进行1～2次大便的正常活动。

关于大便的阈值

"排便是一种复杂的反射动作，正常人的直肠内通常没有粪便，当粪便被推入直肠，可刺激直肠壁内的感受器……如果条件允许……使粪便排出体外。如果条件不适合于排便，皮层发出冲动，抑制初级排便中枢的活动，使括约肌的紧张性增强，结肠的紧张性降低，便意消失。如果皮层经常抑制便意，就使直肠对粪便压力刺激的阈值升高，加之粪便在大肠内停留过久，水分吸收过多而变得干硬，引起排便困难，这是产生便秘常见原因之一。"（《人体机能学》[5] P259）

大便的阈值与肠癌的发病率有一定的正相关性。女性患肠癌的比率明显低于男性。无独有偶，和女性一样采取下蹲式排尿的印度男性与采取站立位排尿的男性相比，肠癌的患病率要低40%。

之所以会出现上述现象，是由于下蹲式排尿使"髋部弯曲和盆底下降，减少直肠与肛门的角度，也有助于粪便的排出"。（《人体生理学》[6] P213）而且下蹲式排尿会使肛门外括约肌松弛，更容易出现排便行为。采取下蹲式排尿的人在下蹲排尿时，当遇有轻微便意的时候，也会大小二便一并解决。每天小便的机会总比大便的机会多得多，这就使这类人大便的阈值要比站立位排尿的男性低一些，因而大便的次数就会多一些。粪便在大肠内的滞留时间自然会少一些。患肠癌的比率就会明显低一些。

由此得出这样一个结论：只要有便意就应该解手，不可使大便的阈值提高。由于"牛饮"透骗肠管产生蠕动冲和集团运动，便意特别强烈，不由得你强忍抑制便意。大便的阈值就不容易被抬高。主笔每次大便大都能在1~2min内完成，完全得益于"牛饮"的作用。

大便次数与食物在消化系统的停留时间

究竟一天需要多少次大便为好？专家们各抒己见。有人说，两天不少于1次；有人说，一天需要1次；又有人说，每天不少于1次。我们的意见是，每天不少于1次，最好是2次。有专家对人们每周的大便次数作了调查统计得出下表（表11.4-1）。

表 11.4-1 每周的大便次数统计表

（《肠内革命》[15]P7）

每周大便次数	1	2	3	4	5	6	7	8	9	10
占比（%）	1	3	4	5	9	10	35	12	8	15

我们为什么主张"每天不少于1次，最好是2次"呢？因为只有每天2次大便，才有可能把昨天进入消化系统的食物残渣全部排出体外。下表是主笔每天进餐和大便的时间安排。

表 11.4-2 主笔的进餐和大便时间安排

	昨天		今天	
	午餐	晚餐	大便（第一次）	大便（第二次）
时间	12:00	18:00	6:00	11:00~13:00
食物残渣			昨天午餐及晚餐少部分残渣	昨天晚餐余量残渣

主笔每天进食2餐的习惯已有20年以上的时间，且以植物性食物为主，每天的热量为1200千卡。所以昨天的食物残渣，今天就能排出体外，食物在体内停留的时间在18h左右，一般不超过24h。

其实，每天的大便次数并不是十分重要，重要的是食物在消化系统内的停留时间。部分便秘者由于排便困难，每次只能排出一点点，一天的排便次数可能达到3~4次，但这些大便很可能都是几天前的食物残渣，实际上食物在他的消化系统内已经停留了几天。

食物在消化系统内的停留时间究竟为多长最合理呢？这也是一个颇具争议的问题。根据医疗机构检验得知，多数人进食后，食物在消化系统内的停留时间在18～48h之间。我们的看法是，只要食物在消化系统内已经完成了消化吸收功能，停留的时间是越短越好，尤其是在大肠的停留时间。因为大肠正是细菌生长的天堂。食物残渣在大肠中停留时间越长，菌群就越大。有人对便秘者大肠的菌群作过分析，数量居然达到100兆株（1兆=1000000）。

要想尽量缩短食物在消化系统内的停留时间，除了每天实行一次"牛饮"是一个可行的选择外，还要在饮食控制上做一些文章。这方面我们将在《健康新思维（二）》陈述。

怎样才能知道食物在消化系统的停留时间呢？这要用到下一标题的方法："察颜观色"。

对大便要"察颜观色"

我们这里所讲的对大便要"察颜观色"，包含如下两层意义：

1. 通过对大便的"察颜观色"对消化系统是否出现病变进行监测。如出现黑便（不该出现的时候出现）、血便、脓便，或带有异味的粪便，都要提高警惕，及时到医疗部门作检查诊断。

2. 通过对大便的"察颜观色"（表 11.4-3）判别该次大便是那一顿饭的食物残渣，从而推算出食物在体内的停留时间。

表 11.4-3 食物与大便颜色、气味的对应表

食物	大便颜色	肛门感觉	气味
绿叶菜	浅绿色		
黄叶菜	黄色		
谷类	黄色		
豆类	黄色		
葱蒜类	黄色		蒜臭味

辛辣类	黄色	热辣感	
肉类	褐色		臭味浓
动物内脏	褐色		臭味浓
血制品	黑色		臭味浓

粪便除了颜色、气味外，还有形状和硬度是值得给与注意的。被人们戏称为"粪便专家"的世界微生态学会主席——光冈知足，对粪便的形状和硬度作了如下的分类（图11.4-3）。

从粪便中，我们总可以找到食物的痕迹，我们只要把当天的粪便状况与昨天或前天的食物对照，就可以判别出这次大便排的是哪一天哪一餐的食物残渣。从而推算食物在体内的停留时间。下面举一个简单推算的例子。

假设第一天晚餐（18:00）吃了一顿动物血制品（或动物内脏），要求该餐前后各两餐都吃浅色食品。第二天早上（6:00）观察大便颜色，如没有黑便，说明该次粪便还不是昨天晚餐的食物残渣。如第三天早上大便出现黑便，要看它是位于前段还是后段。如果黑便在后段，这次大便属第一天日餐与晚餐食物的残渣；如果黑便在前段，这次大便属第一天晚餐与第二天日餐食物的残渣。这样就可以推算出食物在体内停留了36~48h。

圆滚状（痉挛性便秘）　　　坚硬状（迟缓性便秘）

香蕉状（情况良好）　　　半膏状（软便）

泥状（腹泻）　　　水状（严重腹泻）

图 11.4-3 粪便的形状和硬度图

（《肠内革命》[15] P45）

如果你在每次大便后都有意观察一下，你就可以找到一些规律。下表（表11.4-4）是主笔对大便形状和硬度的简单判别。

表 11.4-4 主笔对大便形状和硬度的简单判别

大便形状	半膏状	软条状	香蕉状
食物停留时间	12h	18h	24h

有益菌群始终处于兴盛状态

利用"牛饮"诱骗大肠蠕动，不但达到彻底清除粪便的作用，而且由于粪便在大肠内停留的时间较短，对有益菌来说保持着高营养的环境，因而有益菌的菌群始终处于兴盛的状态。兴盛的有益菌群具有较强的抵御病菌入侵的能力。

第五节　"少盐多水"增强了消化腺的分泌能力

"少盐多水"使消化腺细胞的分泌能力得到增强，是与"高盐少水"比较而言的。可以从如下两方面加以阐述：

ATP/ADP 比值提高

人体的消化系统有十多个消化腺，它们分别覆行各自的消化功能。而消化腺分泌各种消化液的功能是由消化腺内的细胞所执行的。消化腺细胞在执行功能时，都要消耗ATP，把ATP转变为ADP，图11.5-1是胃壁细胞分泌HCl（盐酸）的基本过程，图中有3个环节是要消耗ATP的：① Na^+－K^+泵；② HCO_3^-——Cl^-转运体；③ K^+–H^+泵。后面两个消耗ATP的过程，正是胃壁细胞生产HCl的过程。如果 Na^+－K^+泵消耗ATP多了，留给HCO_3^-——Cl^-转运体和K^+–H^+泵的ATP就少了，胃壁细胞生产HCl的数量自然也会变少。

　　在细胞的生存活动中，Na^+－K^+泵是细胞的耗能大户，Na^+－K^+泵的耗能过程就是使ATP减少，ADP增加。Na^+－K^+泵耗能越多，细胞内ATP/ADP的比值就越小，各种消化腺细胞功能的发挥就越弱。反之Na^+－K^+泵耗能越少，细胞功能的发挥就越强。

　　我们在第三章第三节已经论证过，"少盐多水"的饮食使Na^+－K^+泵在静息时的负荷减轻致使ATP的消耗减少。这就意味着ATP/ADP的比值增加，致使消化腺细胞可运用的能量增加，它们的分泌能力随之增强。

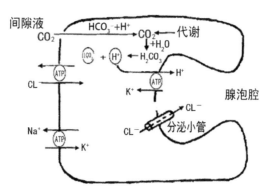

图11.5-1 胃壁细胞分泌HCl的基本过程

（《人体生理学》[6]P197）

消化腺细胞水分充足

　　在"高盐少水"的饮食习惯下，当细胞处于缺水的时候，细胞是不会轻易把水分放出来的。因为在这个时候放出过多的水分，就意味着细胞的生存受到威胁。而在"少盐多水"的饮食习惯下，人体内的体液充足，细胞溶胶充分，当细胞在功能需要时，它是决不会吝惜细胞溶胶中的水分的。

由于在消化液的组成中绝大部分是水分（占95%以上）。上述细胞对水分的"珍惜"程度，自然会影响到消化液的"生产"状态。因而在"少盐多水"的饮食习惯下，消化腺细胞的分泌能力就自然得到增强。

第六节　"少盐多水"减少了胃肠自消化

胃酸是强盐酸，如果没有相应的保护措施，胃壁会受到盐酸的浸蚀，出现自消化，对胃壁起保护作用的主要是黏液细胞分泌的黏液形成的黏液屏障。"少盐多水"的生活方式从如下几方面减少了胃肠的自消化。

黏液细胞能正常地工作

黏液具有较高的黏滞性和形成凝胶的特性，分泌后覆盖在胃黏膜表面形成凝胶保护层。黏液细胞同属消化腺细胞，上述关于对消化腺细胞的论证也适用于黏液细胞。

"少盐多水"的生活方式，黏液细胞内的ATP/ADP的比值增加，且细胞内水分充足，有了足够的能量和水分，黏液细胞便能正常地工作。

空腹时胃酸的浓度有所下降

胃酸又称盐酸，是胃腺壁细胞分泌的强酸液体。"空腹时的盐酸称为基础酸，其排出量称为基础排酸量。正常人为0~5mmol/h。"（《人体机能学》[5] P252）说明空腹时仍有胃酸排出，但浓度范围很大。

对于采取"高盐少水"生活方式的人，由于细胞内钠的浓度有所提高，氯的浓度亦随之提高。这就给胃腺壁细胞分泌盐酸提供了Cl的条件。原材料多了，胃腺壁细胞分泌的HCl的量就会多一些。且由于细胞处于缺水状态，胃腺壁细胞分泌的水分会少一些。这就造成空腹时胃酸的浓度有所提高。

对于采取"少盐多水"生活方式的人，情况刚好相反。空腹时胃腺壁细胞分泌的HCl的量会少一些，而分泌的水分则会多一些。这就使空腹时胃酸的浓度有所下降。

下面我们再来算一算饮水量增加是如何使胃酸被稀释的。

采取"高盐少水"的生活方式的人每天的喝水量是1.2L，而我们主张的"少盐多水"的生活方式每天的喝水量则是2.5 ~ 4L。假设基础排酸量都是2.5mmol/h，采取"少盐多水"生活方式的人每小时喝水量是0.3L/hr，而"高盐少水"的生活方式的人每小时喝水量则只有0.1 L/hr。又假设胃腺壁细胞只分泌HCl不分泌H_2O（实际是同时分泌水分，且"少盐多水"生活方式的人胃腺壁细胞分泌H_2O较多），上述两者的酸浓度将分别是2.5/0.3=8.3 mmol/L和2.5/0.1=25 mmol/L。胃酸浓度相差3倍，可见饮水量影响空腹时的胃酸浓度，是显而易见的。

第七节　"牛饮"加快了胆汁酸的循环

"胆汁是由肝细胞生成的，生成后由肝管流出，经胆总管而至十二指肠，或由肝总管转入胆囊而贮存于胆囊，只有在消化时再由胆囊排入十二指肠。正常成人每日胆汁的分泌量为0.8 ~ 1L。"

（《人体机能学》[5] P257）

"胆囊可贮存和浓缩胆汁，在非消化期间，肝胆汁经胆囊管贮存于胆囊内。胆囊黏膜吸收胆汁中的水分和无机盐，可使胆汁浓缩4~10倍。（表11.7-1）"（《人体机能学》[5] P257）

表11.7-1 肝胆汁和胆囊胆汁的部分成分

（《人体机能学》[5] P107）

特性与组分	肝胆汁	胆囊胆汁
比重	1.009~1.013	1.026~1.032
pH	7.1~8.5	5.5~7.7
总固体（%）	1~3.5	4~17
黏蛋白（%）	0.1~0.9	1~4
胆汁酸盐（%）	0.2~2	1.5~10
胆色素（%）	0.05~1.17	0.2~1.5
总脂类（%）	0.1~0.5	1.8~4.7
胆固醇（%）	0.05~.17	0.2~0.9
磷脂（%）	0.05~0.08	0.2~0.5
无机盐（%）	0.2~0.9	0.5~1.1

"牛饮"诱导胆汁作适量的分泌

消化系统的消化活动有一个连锁反应的机制。在"牛饮"过程中，一口气喝完250ml水，口腔连续数次的吞咽动作和食管连续数次的蠕动。不但刺激唾液的分泌，还引起胃液出现"头期分泌"，胃液"头期分泌"占消化期分泌量的30%。胃液"头期分泌"会分别刺激胰液和胆汁同样出现"头期分泌"。就胆囊而言，"进食开始后数分钟，胆囊便发生节律性收缩，排放贮存的胆汁"。（《人体生理学》[6] P209）

250ml水进入胃后，对胃的重力和容量刺激，同样会使胃液出现"胃期分泌"，相同的原因，胰液和胆囊同样出现相应的"胃期分泌"反应。

　　假如我们实行的是"45min牛饮"，相当于1L水分4次，每次间隔15min，对消化系统进行了4次的"诱导"反应。对胆囊来说，相当于诱导胆汁进行了4次适量分泌。胆囊内浓的胆汁分泌入小肠后，小肠内的"胆盐还能直接刺激肝细胞分泌胆汁，称为胆盐的利胆作用"。（《人体机能学》[5] P257）由于肝细胞分泌的胆汁浓度较稀，致使经过一个晚上浓缩的胆囊胆汁得到了稀释。

　　一口气喝完250ml水对胃的刺激，只是物理刺激。由于白开水没有任何几大营养素，由胃排至十二指肠后并没有延续化学刺激，这些物理刺激仅仅是人为对消化系统的诱导，因而引起各种消化液的"头期分泌"和"胃期分泌"都只会是适量且短暂的。

"牛饮"增加了胆汁酸的循环量

　　由肝脏合成的胆汁酸称为初级胆汁酸，在空肠和结肠上段经细菌的作用转变为次级胆汁酸。"由肠道重吸收的胆汁酸，不管是初级胆汁酸还是次级胆汁酸，游离的还是结合的，均由门静脉入肝脏。在肝脏中游离胆汁酸又转变成结合胆汁酸，再随胆汁排入肠腔，这就是胆汁酸的肠肝循环。"（《人体机能学》[5] P110）如图11.7-1。

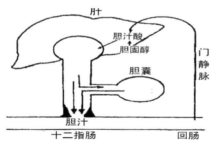

图 11.7-1 胆盐的肠肝循环

（《人体生理学》[6] P207）

　　"肠中胆汁酸约有95%从小肠下部重吸收。其余0.4～0.69g/d随粪便排出（相当于每日肝新合成胆汁酸量）。肠道中胆汁酸多以游离形式存在，溶解度小，故大部分不被重吸收而排出。"（《人体机能学》[5] P109）

"牛饮"刺激了胆囊分泌胆汁，无形中增加了胆汁酸的循环量，增加了溶解度小的胆汁成分通过粪便排出体外，达到稀释胆汁的目的。

利用"牛饮"透导胆汁作出适量分泌和增大胆汁酸的循环量，还可以达到如下几方面的效果：

（1）避免了胆结石的形成。（参阅第十三章）

（2）降低了血液循环中的胆固醇。（参阅第十四章）

（3）加速了衰老红细胞的分解，从而诱导造血干细胞的分泌。（参阅第十五章）

第十二章　水－盐摄入与感冒及雾霾

第一节　感冒病毒无孔不入

病毒的简介

病毒有如下3类：

1. 细菌病毒

又称噬菌体。病毒侵染细菌后经过增殖最后使细菌破裂而消失。

2. 植物病毒

只侵染植物，一般不会对人体造成影响。

3. 动物病毒

广泛寄生于人和动物的细胞内，是引起人和动物的各种疾病的主要原因，其危害性远远超过了其他微生物所引起的传染病。人类的感冒正是由动物病毒之中的感冒病毒引起。

病毒是我们目前所知的最小的生命个体。病毒的大小一般只有150nm，最大的有250nm，最小的只有15nm。细菌的大小在500～1000nm之间。人的细胞则有$10\mu m$（相当于10000nm）。（1mm=$1000\mu m$=10^6nm）如果人的一个细胞里面塞满病毒，可以塞进近10万个病毒。

"病毒的结构很简单，都没有细胞壁、细胞膜等细胞结构。""一种病毒只含一种核酸，要么是DNA，要么是RNA。""病毒由于没有独立的酶系统，不能进行独立的物质代谢，因而它们都不能离开活细胞而生存，而且只能在特异性的活细胞中寄生。"（《人体报告》[17] P274~275）例如流感病毒就只能在高智灵长类（包括猿和人类）呼吸道黏膜细胞中生存。

细菌和病毒无处不在

在地球上，到处都是微生物。美国有关机构的一项研究显示，在人们的工作场所里，办公桌区域的细菌数量是洗手间马桶圈的400倍；在街头对行人的手机进行随机抽查，结果发现，其中一位行人的手机上所带的细菌数量是洗手间马桶圈的100多倍。而洗手间马桶圈的细菌数是每平方厘米有上千个。

单单是人体的皮肤，就检验出250种细菌，数量达数百万亿个。在人类的消化系统中，胃的pH值接近2，通常是无菌的；空肠和回肠的上部细菌很少，甚至无菌；肠道下段的细菌逐渐增多。以大肠为中心，寄生着100多种细菌，其数量也超过100万亿个。大肠的酸碱度较适合细菌的生长，食物消化后的产物是细菌的营养，适合于细菌大量繁殖，它们就象花丛和草丛一样生活在我们的肠道内。

在人的呼吸道和鼻咽腔中，也存在着大量的葡萄球菌、类白喉杆菌等细菌。在咽喉及扁桃体的黏膜上，主要是甲型链球菌，以及潜在的致病菌，如肺炎球菌、流感杆菌、腺病毒等。

因发现幽门螺杆菌是人体罹患胃炎、胃溃疡和十二指肠溃疡的诱因而获得2005年诺贝尔生理学和医学奖的巴里·马歇尔和罗宾·沃伦，证明了幽门螺杆菌可以是普通人体内的一种病原体，人类一半以上的成员的肠胃中存在这种螺旋状细菌。不过大部分人并没有罹患肠胃炎，他们与幽门螺杆菌"和平共处"，相安无事。

由于病毒的大小远小于细菌，而且它们是钻到细菌和细胞内生存，较难检验，因而以上数据并未包括病毒的数量。据估计，人体微生物的总数量与人体细胞的总数量之比例为10：1。人体的细胞数量是60万亿，而生活在人体内的细菌和病毒的总数量为600万亿。

据有关部门测定，感冒病人一声咳嗽，可以散播约有10万个病毒；一个喷嚏约含有100万个病毒。而且可以散播到6米以外的地方。感冒病毒在手帕或门的把手上只可以存活1个多小时，但在人的皮肤上则可以存活长达70 h。

虽则细菌病毒的数量惊人，我们也无须过分担心。其实从42亿年前生命大分子开始发生，经过7亿年的演化，直到35亿年前定型，截至现在为止，细菌病毒的演化史最少也已经有35亿年的历史了。病毒样的生物其实是地球上最早的"原住民"，它们最少也已经在地球上生存了40亿年的历史了。直到35亿年前，才由病毒样生物演化为细菌样生物。最早的灵长类动物——猴，也只有不到1000万年的进化史。猿则只有400万年，人更少，仅有20万年。可见动物和人在整个进化过程中，都与细菌病毒"忧戚相关，患难与共"。它们都有共通的基因结构。

"人体表面的许多细菌还不为人们所知。我们将终生与细菌为伴，但我们没有必要去恐慌。对于我们来说，它们并不如想象中那么有害，有些细菌甚至对我们有益。""确切地说，我们体内的细菌实际上是身体的一部分。"（马丁·布雷塞——美国纽约医学院微生物家、教授——摘自《广州日报》2007-02-07。）

寄居于人体内的大部分微生物，只是定居而不损害人体，一般称为正常菌群。它们与人体之间保持动态平衡，不对人造成影响，相反有些细菌还是对人体有益的。例如肠道细菌能合成人体所需要的多种有用的维生素，如维生素K、硫胺素、核黄素、吡哆酸、维生素B12等，以及多种人体所必需的氨基酸。正常菌群还可以通过拮抗作用，抑制其他病原微生物的生长，增强人体的防御功能。如果人的肠道缺乏有益的微生物，人将不可能正常生活。

感冒病毒的传染途径

由于感冒病毒只能特异性地在人类和黑猩猩等高智灵长类动物的上呼吸道黏膜细胞中生活。它的传染途径只能通过与上呼吸道相通的管腔开孔，那就是眼、鼻、口腔。感冒病毒从这几个开孔进入人体的易难程度分别是眼、鼻、口腔。感冒病毒有如下两个主要的传播途径。

1. 通过空气传播

上面提到，感冒病人的一声咳嗽，可以散播约有10万个病毒；一个喷嚏约含有100万个病毒，而且可以散播到6m以外的地方。当一个人咳嗽或打喷嚏时，唾液细沫被喷成一个一个细小的唾滴，较小的唾滴会蒸发成"滴状核"。它的直径小于$20\mu m$，里面饱含着各种细菌和病毒。据测定，直径$14\mu m$的粒子，在静止的空气中下沉30cm约需要1min。但如在有人活动的房间，这些微粒将会长时间飘浮在房间的空气中。人们在房间内吸入含有感冒病毒的"滴状核"，感冒病毒就会从鼻孔进入人的上呼吸道，钻进上呼吸道黏膜细胞中生活，伺机作恶。

2. 通过接触感染

上面也提到，病毒在人的皮肤上可以存活70h。当人们的手接触到感冒病人摸过的物品，他的手便携带有感冒病毒。由于病毒在手上存活的时间较长，如果在这段时间用手擦眼睛和鼻子，病毒就会从眼睛和鼻子传入上呼吸道感染上呼吸道黏膜细胞。

第二节　呼吸系统对感冒病毒的几道防线

从上面的陈述似乎给人一个感觉：感冒病毒无孔不入，防不胜防。不过人的呼吸系统还是有几道防线加以应对。

1. 口腔

"人的口腔内有三大唾液腺：腮腺，颌下腺和舌下腺，还有无数散在的小唾液腺……每日分泌量1～1.5L，唾液中的水分占99%，有机物主要为黏蛋白、唾液淀粉酶和溶菌酶等；……"（《人体机能学》[5] P250）唾液中的溶菌酶是一种很有威力的杀菌剂。由于唾液量较大，且溶菌酶的杀菌力强，感冒病毒较难从口腔入侵人体。

2. 眼睛

眼睛与鼻腔通过鼻泪管相通，通常情况下，眼睛泪腺分泌的泪液连同鼻腔内鼻黏膜分泌的黏液，由黏膜纤毛的自律运动推送到鼻咽部，被咽下或咳出，每日的分泌量仅为0.5L。泪液的杀菌作用较弱，它的主要作用是保持眼睛湿润和清除进入眼睛的灰尘。侵染眼睛的感冒病毒很快就被泪液冲到鼻腔内。

3. 鼻腔

鼻腔的前部有浓密的鼻毛，起阻挡灰尘的作用。鼻黏膜的血管非常丰富，进入鼻腔的空气在不到半秒的时间内被升温到32℃～34℃之间。同时鼻黏膜还能分泌大量的水分湿润吸入的空气。干燥的空气通过鼻腔到达支气管时，湿度已达95%的饱和度。鼻腔分泌的鼻涕覆盖在鼻黏膜的表面，由鼻黏膜表面的纤毛的自律运动推送到鼻咽部，被咽下或咳出，以清洁黏附在鼻腔内的灰尘、细菌、病毒和异物。鼻黏液还含有溶菌酶，具有抑制和消灭细菌及病毒生长的作用。

4. 呼吸道

呼吸道包括上呼吸道（鼻、咽、喉）和下呼吸道（气管、支气管）。呼吸道黏膜的分泌物含有干扰素、溶菌酶和免疫球蛋白。能够溶解和杀灭细菌及病毒。

5. 支气管

支气管表面覆盖着一层纤毛上皮细胞，每个细胞表面有200～300条长7～10μm的纤毛，它们按固定的方向有节律地不停摆动，每分钟可将异物向后推送约15mm，异物被推送到咽部时被咽下食管或咳出。

6. 肺泡及终末支气管

在肺泡及终末支气管内参与防御功能的主要有巨噬细胞和淋巴细胞。它们从毛细血管中游出，穿过肺泡壁进入肺泡腔，吞噬肺泡内的细菌、病毒及一切异物后游至终末支气管，爬到带有纤毛的黏膜上被运送出去。

7. 防御反射——喷嚏和咳嗽

细菌、病毒、异物或黏液刺激了鼻黏膜，就会引起喷嚏；刺激了气管黏膜则引起咳嗽。喷嚏和咳嗽借助气流的突然冲击，将异物或痰液排出。这一防御反射，在减少了细菌、病毒在体内数量的同时，亦帮助细菌、病毒向外扩散。

第三节 "少盐多水"加强了呼吸系统的防御功能

一道无药处方

每当人们因感冒去看医生，不管是西医还是中医，医生大都会多开一道无药处方："回去多喝点水。"多喝点水可以对治疗感冒有好处，恐怕专家学者们都已经有共识。至于多喝多少水？大都是含糊不清的。不过，由于大多数人处于缺水状态，只要比本人原来多喝一点水（例如500～1000 ml），就已经起作用了。

近期《英国医学会会刊》上发表过一份研究报告称："当一个人发生感染，如感冒或患支气管炎时，身体会释放出大量的保水性荷尔蒙。保留体内的水分，用以对抗感冒病毒的侵犯，这是身体自然的防卸性反应。"（摘自中国健康网2011-12-05）其实身体也已进化出在身体感染时，保留身体内水分用以对抗细菌病毒的入侵。这大概也是一种"自然选择"。我们何不顺应"自然选择"的需求，平时就多喝点水？

感冒病毒适宜的生存环境

（1）细胞间液高Na^+浓度有利于病毒的吸附

"噬菌体在宿主细胞上的吸附，一般需要适当浓度的一价钠离子、二价镁离子、二价钙离子等。这些阳离子的作用，在于中和噬菌体和细胞表面的阴性电荷，以防止静电引力发生的排斥现象。"（《人体报告》[17] P278）这段陈述说的是，病毒表面和宿主细胞的内表面都带负电荷。如果细胞间液的阳离子浓度增加，这些负电荷都会减弱，病毒吸附宿主细胞时须要克服同性电荷的排斥力就会减少。

在细胞间液高Na^+浓度下，不但使细胞Na^+的静息电流增加，同时细胞内Na^+含量亦有所升高（第三章第三节），两方面都同样使细胞的（负）静息电位上升（绝对值减少）。亦即细胞膜内表面的负电荷减少，致使病毒与宿主细胞之间的同性电荷排斥力也会减少。

由此可以得出，"高盐少水"的饮食习惯，使细胞间液的Na^+浓度升高，有利于病毒在宿主细胞上的吸附。

（2）低温干燥有利于病毒的传播

病毒对细胞的附着不受温度的影响，但侵入却会受到温度的影响。赵立平在《基因与生命的本质》[20]（P56~58）指出：蛋白质形成的"外衣"把病毒的RNA分子包裹在里面。流感病毒在温暖的条件下，它的"外衣"呈液体状态，而遇到冬季寒冷干燥的空气时就会变成一个坚固的胶状"外衣"，对病毒起保护的作用。这正是冬季成为流感病毒传播高峰季节的原因。

流感病毒可能只有100nm大小，当温度高于16℃时，流感病毒含脂肪和蛋白质的外层保持液体状态，使病毒的威力减弱，并面临风干的可能。但低温空气可以使病毒的液体外壳凝固，增强了它的生命力，就连部分清洁剂都对它也束手无策。

在低温的环境下有"外衣"保护，进入呼吸道时，它的"外衣"就会随之融化，只有在这种状态下流感病毒才能附着于人体细胞。

况且"若吸入干燥或冷空气及有害气体（如吸烟），可损害呼吸道黏膜，抑制甚至破坏呼吸道纤毛运动，从而降低呼吸道的防御功能，致使呼吸道易受病原微生物的侵袭。"（《人体机能学》[5]P221）

（3）呼吸系统各防线分泌液的减少有利于病毒侵入

上面提到，在寒冷干燥的空气里，感冒病毒会形成一个坚固的胶状"外衣"，对病毒起保护作用。所谓干燥就是空气的相对湿度小于50%。当空气的相对湿度大于50%时，感冒病毒在空气中的存活时间就会缩短。感冒病毒若进入水里，很快就会死亡。

感冒病毒往往是在人体呼吸系统的防线受损，趁黏膜细胞分泌液减少和呼吸道纤毛运动受抑时乘机侵入宿主呼吸道黏膜细胞。

"少盐多水"增加了各道"防线"的分泌液

采用"少盐多水"的生活方式，总摄入水/盐=5L/5g（其中补充水/盐=3.7L/4g）。由于体内水分充足，各道"防线"的腺体，如腮腺、颌下腺和舌下腺三大唾液腺及无数散在的小唾液腺、眼睛泪腺、鼻黏膜、呼吸道黏膜、肺泡及终末支气管的分泌腺体等等，它们分泌的各种分泌液都会增多，各类黏膜表面的黏液层就会增厚，例如可由普通人10μm的黏液层增加为20μm的厚度。感冒病毒只有不到0.1μm的直径，它要通过20μm厚度的黏液层总比通过10μm厚度的黏液层的难度要增加一倍。由于感冒病毒侵入各类黏膜细胞的时间延长，病毒被溶菌酶及各类抗体歼灭的机会就会大为增加。

对于采用"高盐少水"的生活方式的人，总摄入水/盐=2.5L/12g（其中补充水/盐=1.2L/11g）。在这样的水/盐摄入下，人的机体处于缺水状态。况且在高盐饮食的情况下，食盐绝大部分会被保留在细胞外液，为使细胞内外渗透压平衡，水分也会较多地留在细胞外液。这时细胞内更显得缺水，各种腺体和黏膜细胞为了自身的生存（每一个细胞都是一个基本的生命体），它们对细胞内的水分都会十分吝啬，各种分泌液的量自然会减少，各种腺体和黏膜表面的黏液层很可能只有$5\mu m$的厚度。感冒病毒通过$5\mu m$厚度的黏液层总比通过$10\mu m$厚度的黏液层要容易一倍；更比通过$20\mu m$厚度的黏液层要容易三倍。由于感冒病毒侵入各类黏膜细胞的时间缩短，更容易躲避溶菌酶及各类抗体的歼灭。

结论是，"少盐多水"的生活方式使各道"防线"的分泌液增加，呼吸道黏膜表面的黏液层增厚，感冒病毒较难侵入呼吸道的黏膜细胞，且更容易被歼灭。

低体钠含量,不利于病毒进入黏膜细胞

在上面"感冒病毒最适宜的生存环境"中，我们已经陈述了"细胞间液高Na^+浓度"是感冒病毒最适宜的生存环境之一，它有利于病毒在宿主细胞上的吸附。而"少盐多水"的生活方式，则使细胞间液处于较低的Na^+浓度水平。对病毒表面的负电荷的中和减少，致使病毒表面的负电荷较多；同时细胞间液较低的Na^+浓度水平，使细胞Na^+的静息电流减少，并且细胞内Na^+含量亦有所降低，这两方面均使细胞的静息负电位下降（绝对值增加）。亦即病毒表面的负电荷增多，且细胞膜内表面的负电荷也增加，病毒与宿主细胞之间的同性电荷排斥力就会加大，不利于病毒在宿主黏膜细胞上的吸附。而吸附是病毒进入宿主黏膜细胞的第一个环节。

"牛饮"引起细胞的"潮汐现象"

从表 7.3-1的数据显示，"牛饮"过程体液最大增加量为920ml，而人体的总体液为39L，增加的比例为$0.92/39 \approx 2.4\%$。对于这2.4%的变化，无论是细胞内，还是细胞外，或是血管里，都会出现"潮汐现象"，如同江河的退潮和涨潮。早上起床时，经过一

夜的不感蒸发和尿液排泄，身体处于缺水状态（减少了1L水），这时是"退潮"；在"牛饮"的过程中，体液增加了2.4%，这相当于"涨潮"。

在"涨潮"时，细胞内的病毒被稀释，毒性下降；在"退潮"时，易于把病毒抽出细胞外，交由各种免疫细胞消灭；而且在"涨潮"时，由于细胞孔隙增大，便于各类抗体游出毛细血管，去歼灭入侵的病毒。

第四节　"少盐多水"减轻了雾霾的危害

何谓雾霾

本标题的内容摘抄自百度百科"雾霾"词条。

雾霾是雾和霾的统称。雾是由大量悬浮在近地面空气中的微小水滴或冰晶组成的气溶胶系统，多出现于秋冬季节。相对湿度大于90%时的大气混浊、视野模糊，导致能见度小于1000米，一般是由雾造成。

霾是由空气中的灰尘、硫酸、硝酸、有机碳氢化合物等在空气中形成悬浮颗粒，使大气浑浊，视野模糊并导致能见度恶化，这种悬浮颗粒物组成的气溶胶系统造成的视程障碍称为霾或灰霾。产生霾的相对湿度一般小于80%，相对湿度介于80%~90%之间时的大气混浊、视野模糊，导致的能见度恶化，是雾和霾的混合物共同造成，但其主要成分是霾。

雾霾对人体健康的危害

本标题的内容摘抄自百度百科"雾霾"词条。

雾霾对人体健康的危害主要有如下几方面：

1. 上呼吸道感染

在雾霾天气里，空气中浮游大量尘粒和烟粒等有害物质，会对人体的呼吸道造成伤害，空气中飘浮大量的颗粒、粉尘、污染物、病毒等，一旦被人体吸入，就会刺激并破坏呼吸道黏膜，使鼻腔变得干燥，破坏呼吸道黏膜防御能力，细菌进入呼吸道，容易造成上呼吸道感染。

2. 支气管哮喘

雾霾天气时，空气中漂浮着粉尘、烟尘，尘螨也可能悬浮在雾气中，支气管哮喘患者吸入这些过敏原，就会刺激呼吸道，出现咳嗽、闷气、呼吸不畅等哮喘症状。

3. 肺癌

根据统计，通常肺癌患者的增长人群主要集中在50岁以上。但是由于环境大气的污染，肺癌发病率明显升高（60/100000），有年轻化趋势，甚至有8岁肺癌的报道。雾霾主要是因为PM2.5会沉积在肺部引起炎症，从而引起一些恶性病变。

4. 结膜炎

专家介绍，雾霾天空气中的微粒附着到角膜上，可能引起角、结膜炎，或加重患者角膜炎、结膜炎的病情。表现为：眼睛干涩、酸痛、刺痛、红肿和过敏。

5. 小儿佝偻病

中国疾控中心环境所初步研究发现：霾天气除了引起呼吸系统疾病的发病/入院率增高外，霾天气还会对人体健康产生一些间接影响。霾的出现会减弱紫外线的辐射，如经常发生霾，则会影响人体维生素D合成，导致小儿佝偻病高发。

呼吸系统应对霾天气的几道防线

人体在呼吸时，空气需经如下途径进入肺泡：鼻腔→上呼吸道→下呼吸道→支气管→终末支气管→肺泡。这些途径形成如下几道在霾天气清除有害微粒的防线。

1. 鼻腔

鼻腔的前部有浓密的鼻毛，起阻挡灰尘的作用。鼻腔分泌的鼻涕覆盖在鼻黏膜的表面，由鼻黏膜表面的纤毛的自律运动推送到鼻咽部，被咽下或咳出，以清洁黏附在鼻腔内的灰尘、细菌、病毒和异物。在出现霾天气时，直径较大的微粒能在鼻腔内被清除。

2. 呼吸道

呼吸道包括上呼吸道（鼻、咽、喉）和下呼吸道（气管、支气管）。呼吸道黏膜分泌的黏液能清除中等程度的微粒。

3. 支气管

支气管表面除了能分泌的黏液外，还覆盖着一层纤毛上皮细胞，每个细胞表面有200～300条长7～10μm的纤毛，它们按固定的方向有节律地不停摆动，每分钟可将异物向后推送15mm左右，异物被推送到咽部时被咽下食管或咳出。

4. 肺泡及终末支气管

在肺泡及终末支气管内参与防御功能的主要有巨噬细胞和淋巴细胞。它们从毛细血管中游出，穿过肺泡壁进入肺泡腔，吞噬肺泡内的细菌、病毒及一切异物后游至终末支气管，爬到带有纤毛的黏膜上被运送出去。

上述4道在霾天气时清除有害微粒的防线中，前2道防线主要清除直径较大的微粒，余下直径较小的微粒由后2道防线处理，PM2.5的微粒最有可能长驱直入，直达肺泡，因而是对人体危害最大的微粒。

如果没有上述4道防线，人体内的呼吸系统将会积满灰尘。下面仅以粒度小于10μm的颗粒物进行计算，得出的结果已经令人吃惊。

根据国家《环境空气质量指数（AQI）技术规定（试行）》（HJ 633—2012）（摘引自百度百科"雾霾"词条）里规定大气中度污染（空气质量指数为151~200）时，空气中颗粒物粒度小于

$10\mu m$微粒的浓度为$300\mu g/m^3$，而人体在安静时每天的呼吸空气量约为$10m^3/d$（《人体机能学》[5]P227）。根据上述数据可以算出人体每年通过空气吸进呼吸系统（粒度小于$10\mu m$）的微粒约为1.1g，如果把大于等于$10\mu m$的微粒算进去，这个数字将会更大。如果呼吸系统没有清除能力，人肺将不堪重负。

"少盐多水"能减轻雾霾对人体健康的危害

对于生活在地球上的每个人，由于都需要呼吸，身体健康都免不了受到大气污染的为害。我们所能做的，除了大力倡导并身体力行减少大气污染外，就是改善个人的生活方式，以达到增加人体呼吸系统对大气污染物的清除能力，从而确保身体安全与健康。我们提倡的"小盐多水"的生活方式不失为一种简单、可行而且有效的生活方式。

从上述呼吸系统应对霾天气的几道防线可以看到，它们清除空气污染物主要有如下两道"板斧"：

"少盐多水"提高了各道防线分泌黏液的质量和数量

空气污染物进入呼吸系统后，首先由各道防线分泌的黏液黏附。各道防线分泌黏液的质量和数量都直接影响着呼吸系统对空气污染物的黏附量。

在本章第三节我们已经论述了"少盐多水"的生活方式能够增加上述各道防线的分泌液的数量，这里不再重复。

从第十一章第五节对消化腺分泌消化液的分析中，我们也已叙述过，由于"少盐多水"能够提高细胞ATP/ADP的比值，从而增加了消化腺细胞合成消化液的能力。其实这一原理可以推广到所有功能细胞，包括呼吸系统各道防线的黏膜细胞生产黏液的能力。这方面不但从黏液的数量上，而且从质量上提高了呼吸系统清除空气污染物的能力。

"少盐多水"提高了各道防线纤毛的活动能力

呼吸系统各道防线的纤毛需要完全浸润在黏液中才能得到有效的保护，得不到黏液浸润的部分将会受到污染物的毒害而变短。"少盐多水"的生活方式正好提供了足够的黏液，使纤毛处于良好黏液浸润环境。

同时，在"少盐多水"的生活方式下，由于黏膜细胞的水分充足，黏液的黏度较低，便于纤毛的摆动，使黏了污染物的黏液顺利地被纤毛向后推送到咽部时被咽下食管或咳出。

"少盐多水"亦有利于吸烟者排出烟尘

烟尘对于人体的呼吸系统不但与雾霾是同类的污染物，而且是对人体危害更严重的毒物，既然"少盐多水"能减轻雾霾对人体健康的危害，同样亦能减轻烟尘对吸烟者的危害。这里不再赘述。

第十三章　水－盐摄入与结石和痛风

　　按照现代人"高盐少水"的生活方式，总摄入水/盐=2.5L/12g，是造成人们结石和痛风的发病率高居不下的主要原因之一。如果采用"少盐多水"的生活方式，总摄入水/盐=5L/5g，这样的情况就不应该出现。

第一节　肾结石

肾结石概述

　　本标题的内容参考自百度百科"肾结石"词条。

　　"肾结石，顾名思义，就是肾脏里面长出了'石头'。在泌尿系统的各个器官中，肾脏通常是结石形成的部位。肾结石是泌尿系统的常见疾病之一，每20个人中，就有一个可能会患肾结石。"

　　"青壮年是高发人群：发病的高峰年龄是20~50岁，也就是好发于正值壮年的劳动力人群，其中男性是女性的2~3倍；儿童的肾结石发病率低。"

　　"肾结石虽然是一种良性疾病，但有时候可能堵塞尿路阻碍尿液的排出，造成疼痛、肾积水，严重的可能造成尿毒症。"

"人每天排出约1500ml尿液，带走了30~50g废物。这些废物包括：尿素、尿酸、肌酐、各种酸性物质（氢离子、乳酸、葡萄糖醛酸、β—羟丁酸、草酸、枸橼酸等）、各种盐分（钙、磷、镁、钾、钠、氨、氯等）。如果尿液太少的话，这些物质中溶解度较小的草酸钙、磷酸钙、尿酸、磷酸镁铵等物质就会形成结晶——就是微小结石。微小结石在致病因素的长期作用下，结晶不断长大，最终发展成有临床意义的肾结石。"

主笔的肾结石通过增加喝水而自愈

主笔是20世纪70年代，"一口气喝1360ml水"的饮水健身法的追随者之一。"一口气喝1360ml水"在我身上的第一个效果就是，我当时所患的肾结石居然可以自愈。

1971年的某一天，我在早晨排尿时突然出现腹部刺痛，且排出血尿。经医生检查诊断，我的肾和膀胱出现有十数粒绿豆或黄豆大小的结石。当时我选择了中医治疗，医生除了开出中药配方外，还开出两个小处方。一个是，每天到田间采摘一些"金钱草"之类的草药煮水喝（当时我还在农村）；另一个则是"无药处方"：每天都要多喝点水。当时正值"一口气喝1360ml水"的饮水健身法席卷全中国。

我采用中医治疗进行了一个多月，金钱草之类的草药煮水喝坚持了约三个月。由于数月都没有再出现过血尿和小便刺痛，草药的治疗也逐步淡忘。唯独那个"无药处方"——每天都要多喝点水，从20世纪70年代开始一直坚持到现在。出现肾结石一年后的体检，我的肾和膀胱那十数粒绿豆或黄豆大小的结石居然消失了。后来我坚持1~2年体检一次，肾和膀胱都是干干净净的。

放纵排尿与海量饮水

在广州市中医院泌尿外科担任主任的龙云和副主任田立新的指

导下，广州日报记者张影和通讯员李大鹏在广州日报撰文《阻断肾积水》有几段陈述既中肯又精彩，原文摘录如下，以馨读者：

"医学家们从临床工作中发现结石病人绝大多数不喜欢饮水，英国有一组海军成员受多饮水的教导，增加50%的尿量可使其结石发生率下降86%；文献中也有报道一个尿酸石家族中只有一个喜欢饮水的人没有生长结石。

"广东天气炎热，容易出汗，人体容易丢失水分，广东人的尿浓度高，尿比重高，易形成结石，因此广东省的尿结石发生率在全国平均值以上。田立新提醒说，健康的人每天一定多饮水，只有当尿液生成多，尿浓度及尿比重均降低，尿结石才难以析出，才能预防尿结石形成。

"如前所述，尿量多少对结石发生有极密切的关系，可影响结石成分的饱和度，浓缩尿还可激发成石促进作用的活性。患过结石的病人则应维持每天2000～3000ml/d尿量，比健康人常规排尿量增加一倍最佳。'放纵'排量的前提是'海量'饮水，结石患者要养成不断喝水的习惯，喝水多次均分于全天，不要集中在少数几个时段。饮水本身即有利尿作用，愈饮愈有口渴感，久而久之就不会产生喝水胀肚难受的感觉。"

按上述计算，如果排尿量为2～3 L/d，连同非肾排泄1.3 L/d，每天的总摄入水量就要3.3～4.3 L/d了。

下面这一段是摘自百度百科"肾结石"词条对预防肾结石的意见：

"饮水也是预防结石复发的重要一环。建议结石患者每日饮用4000ml以上液体，保持每日排出1500ml以上的尿液，使尿液保持非常稀释的状态。"

由此可见，"少盐多水"的生活方式正是预防和治疗肾结石的良方。

第二节　胆结石

胆结石概述

本标题的内容摘录自百度百科"胆结石"词条：

"胆囊结石是指发生在胆囊内的结石所引起的疾病，是一种常见病。随年龄增长，发病率也逐渐升高，女性明显多于男性（男女发病之比约为1∶2）。随着生活水平的提高，饮食习惯的改变，卫生条件的改善，我国的胆石症已由以胆管的胆色素结石为主逐渐转变为以胆囊胆固醇结石为主。"

"按照结石的化学成分可以把胆囊结石分为胆固醇结石、胆色素结石和混合结石三类。大多数胆囊结石患者都是以胆固醇结石为主的混合型结石。"

"在美国，胆囊结石的发病率为10%~15%，每年新诊断胆结石患者约100万人，每年接受胆囊切除手术的患者约70万例，我国的发病率也为10%~15%。"

"我们国家的传统医学强调'治未病'，也就是在预防疾病的成因。所以对于有胆结石高危因素的人群应该注意：

1.按时合理早餐；

2.规律三餐；

3.多进食高纤维饮食，减少高热量食物的摄入；

4.避免不合理的快速减肥；

5.适当增加运动。

胆结石的成因

其实，胆结石在现代的人群中高发，肯定与不良的生活饮食习惯有关。自从人类进入文明时代，在他们的食谱中引入了食盐，食盐量越来越多，"高盐"必然导致"少水"，致使部分现代人的喝水量每天只有1.2L/d。"高盐少水"的生活习惯从如下三方面使现代人容易引发胆结石：

（1）胆汁过浓缩是析出结石的前提原因

每天只有1.2L的喝水量，人的体液自会浓缩。加上在高盐饮食（12g/d）下，人体的水分多分布于细胞外液，肝细胞新合成的胆汁含水量也会减少。如果胆汁在胆囊内停留时间越长，浓缩程度也会越高。可以说胆汁过浓缩是胆结石析出的前题原因。

虽然吃早餐有利于排出部分经过一夜浓缩的胆汁，但作用有限，没有根本解决由体液浓缩引起的胆汁过浓缩的问题，也不可能解决如下两个形成胆结石的因素。

（2）胆汁中胆汁酸/胆固醇的比例偏低，致使形成胆固醇结石

"胆固醇为体内脂肪代谢的产物之一，占胆汁固体成分的4%，它不溶于水而溶解于微胶粒的内部。如胆汁中的胆固醇含量超过微胶粒的溶解能力，即胆固醇过饱和，则易于在胆汁中形成胆固醇结晶，后者在胆道或胆囊中可促进胆固醇（结）石的形成。"（《人体生理学》[6] P208）

胆汁酸是溶解胆固醇的成分，如果在胆汁中胆汁酸/胆固醇的比例偏低，加上在"高盐少水"的饮食习惯下胆汁处于浓缩的状况，就容易形成胆固醇结石。

（3）游离的胆红素水平升高，容易形成胆色素结石

"如果肝脏不能形成足够的结合胆红素，就会导致胆汁中非结合的即游离的胆红素水平升高，后者不溶于胆汁中的水，易与Ca^{2+}

结合，形成胆色素钙盐，即胆色素结石。"（《人体生理学》[6]
P208）游离的胆红素除了进入肠-肝循环回到肝脏重新利用外，还有
如下两个排泄途径：① 形成粪胆素原随粪便排出；② 形成尿胆素原
随尿液排出。如果游离的胆红素排泄量少了，进入肠-肝循环回到肝
脏重新利用的游离的胆红素量就多了，因而形成胆色素结石的可能
性就会增加。

　　"高盐少水"的饮食习惯，由于排尿量不到1.5L/d，自然随尿
液带出体外的尿胆素原就会减少，进入胆汁中的游离胆红素就会增
加，在胆汁浓缩的前题下就容易形成胆色素结石。

"少盐多水"和"牛饮"能避免胆结石

　　（1）喝水量增多，人体的体液自然被稀释，胆汁也受惠于体液
增加也得到稀释。

　　（2）"牛饮"刺激了胆囊分泌胆汁（参阅第十一章第七节），
无形中增加了胆汁酸的肠-肝循环量，增加了溶解度小的胆汁成分通
过粪便排出体外的量。每次循环都要消耗胆固醇合成胆汁酸。达到
提高胆汁酸，降低胆固醇的目的。使胆囊内胆汁中的胆汁酸/胆固醇
的比值升高，从而达到避免胆固醇浓缩结晶的目的。

　　（3）"牛饮"增大了胆汁的肠-肝循环（参阅第十一章第七
节），无形中增加了各类难溶的胆色素进入粪便和尿液的机会。从
而避免了胆汁中游离的胆红素水平升高，降低了形成胆色素钙盐结
晶的机会。

　　（4）早上空腹数次"牛饮"还可以刺激胆汁分泌，刺激排出经
过一夜浓缩的胆囊胆汁，从而减少了胆囊结石的可能。

第三节　痛风

痛风病概述

痛风是一种慢性代谢紊乱疾病，它的主要特点是体内尿酸生成过多或肾脏排泄尿酸减少，从而引起血液中尿酸浓度升高，临床上称为高尿酸血症。尿酸在人体内有两个来源：一是从高嘌呤食物中获得（只占10%～20%），二是体内自我合成或体内核酸分解代谢而来（占80%～90%）。

血尿酸升高到一定程度后就会在组织沉积，尤其是关节及肾脏中形成尿酸结石的沉积而引起关节炎发作及尿酸性肾结石。严重时会造成关节活动障碍、畸形及肾的实质性损害。

据说痛风结石在古时代曾被称之为 "王者之疾"、"帝王病"，因为此症好发于达官贵人的身上，故有"富贵病"之称。

"据统计，目前我国高尿酸血症患者人数已达1.2亿，其中痛风患者超过7500万人，而且正以每年9.7%的年增长率迅速增加，呈现出年轻化趋势。痛风已经成为我国仅次于糖尿病的第二大代谢类疾病，肆意吞噬着人们的健康。"（全球医院网2010-05-25）

尿酸是动物排泄含氮废物的一种形式

含氮食物（如蛋白质）在动物体内代谢后排出体外的终产物主要有如下三种形式：① 氨；② 尿素；③ 尿酸。动物以何种形式排出含氮废物与它们的生存环境息息相关。

对于水生动物，含氮食物在动物体内大都以氨的形式排出体外。这是由于动物以氨排出含氮废物消耗的能量较少而需要水量较大（排泄1g氮需要400mL水），这正是水生动物最经济的排氮方式。具有戏剧性的是，两栖动物（如蛙）生活在水中的幼儿期是以氨作为排氮方式，而上岸以后的成年期则以尿素排泄含氮废物。

对于陆生动物，由于体内水分的获得较水生动物困难，而氨在动物体内具有较大的毒性，它们大都不以氨作为主要的形式排泄含氮废物，而改以毒性较小、排泄用水较少的尿素或尿酸进行排泄。

其中陆上的卵生动物（包括鸟类和爬行类动物）主要以尿酸结晶的形式排泄含氮废物（据说鸟类排泄尿酸的比例占了90%），而以尿酸结晶的形式排泄含氮废物，排泄1g氮只需10mL水。这又从另一个侧面证明了生物进化由水生到陆生过程曾经经历了一个极其干旱的时期。

而陆上的哺乳动物（包括人类）则主要以尿素（据说占了80%~90%）的形式排泄含氮废物。这是由于尿素的毒性比氨低得多，它的溶解度又比尿酸大得多，每排出1g尿素只需50mL水。陆上的哺乳动物以尿酸的形式排泄含氮废物则只占不到5%的比例。

痛风的发病机制

本标题的部分内容参考自百度百科"痛风"词条。

关于痛风的发病机制在传统观念上有如下几方面的看法：

① 血尿酸长期处于超饱和状态，易形成结晶；

② 由于高嘌呤饮食、饱餐、肥胖、饥饿、过度劳累、外伤和手术等可使结晶脱落，引起局部中性粒细胞聚集，吞噬尿酸盐结晶，诱发炎症；

③ 关节软骨、滑膜及其周围组织中血管较少，基质中含有丰富的黏多糖酸及结缔组织，组织pH值低，使尿酸易沉积并结晶；

④ 在皮下组织血管不丰富的地方，由于组织液交换不畅，亦容易形成尿酸沉积；

⑤ 远端关节，特别是第一跖趾关节负重大，在其周围组织温度下降时，尿酸盐溶解度较低，易形成结晶；

⑥ 尿酸盐结晶沉积在肾髓质和肾乳头间质，其周围包绕单核吞

噬细胞，一般表现为肾间质–肾小管性炎症；

⑦ 尿酸结晶沉积在远曲小管和集合管，导致近曲小管扩张和萎缩，形成肾结石；

⑧ 大量尿酸结晶沉积在肾间质和肾小管内，肾小管被堵塞引起少尿型肾衰竭；

等等。

"少盐多水"可以避免痛风

这是我们的独创观点。下面我们将分析通过"少盐多水"的生活方式，是如何避免痛风发生的各种发病机制在人体中发挥作用的。

所谓"少盐多水"是指每天补充食盐量为2.5～4g/d，喝水量为2.5～4L/d。而"高盐少水"则是每天补充的水/盐=1.2L/12g。

"少盐多水"不但是避免肾结石的生活方式（参阅本章第一节），同时也是最有效避免肾脏痛风结石的生活方式。原因是，在"少盐多水"的生活方式下，肾髓质的组织液处于低渗透压（只有300mmol/L）的体液环境中，在这样的体液下尿量增加（一天的尿量达到2.5～4L），尿液得到充分稀释，且在肾组织中的流速较快，不容易出现酸性尿，即使人体处在高尿酸血症的状况下形成尿酸微晶体，也会被尿液带走，因而不容易出现肾脏的痛风结石。

同时，"少盐多水"亦提高了组织液的更新速度（参阅第十五章第二节），使人体各部位关节滑液的流动量增加，关节滑液得到稀释，从而可以避免尿酸微晶体在关节内析出。

由上面分析可知，"少盐多水"正是现代人避免痛风最有效的生活方式。

第十四章　水－盐摄入与疏通血管

第一节　血管及血液的相关理化特性

威廉·奥斯勒博士——现代医学之父曾经指出："动脉是显示一个人年轻或年老的最佳部位。"也有专家说过："人与动脉同寿。"可见保持血管的疏通对人体健康之重要。

人体大小血管接驳起来的总长为96500km（可绕地球2圈），最粗的主动脉直径大于20mm，最细的微血管内径只有4～9μm（1μm=1/1000mm），相差2500倍。最薄的毛细血管壁厚只有一层内皮细胞的厚度。"在健康组织中，为了维持细胞生存，从实质细胞到血管的最长距离是少于100μm的。"（《生命科学专辑》[13] P64）据说在心肌，毛细血管数和心肌细胞数的比例为1:1，人体有毛细血管100亿～400亿条，其可交换的总面积达600m^2。

血液组成中主要有3种血细胞：红细胞、白细胞和血小板。

红细胞是血液中数量最多的细胞，呈双凹圆碟形，无细胞核，直径7~8μm。红细胞在血管中循环运行时，须要挤过口径比它小的毛细管。这时由于红细胞呈双凹圆碟形且无细胞核，可以发生卷曲变形，在通过之后又恢复原状。在这样的状况下，使红细胞的巡行速度较慢，容易发生聚集。但在通常的情况下，由于如下3种因素使红细胞不易发生聚团：① 红细胞在血液中体积占比为40%左右；② 红细胞表面带有同一的负电荷，彼此产生排斥；③正常的血流速度较快，可以把聚团的红细胞冲开。

白细胞有一个美名，被称为机体的卫士。它可以抵御外界有害的物质（如细菌、病毒）对人体的入侵。当发生炎症时，白细胞从快速流动的血流中心，移向血管的边缘，以较慢的速度滚动（附壁滚动），然后是贴着血管内壁移行（贴壁黏着），最后是穿过微血管壁的孔隙游出（穿壁游出），去消灭病原菌。

血小板是血液中最小的细胞，直径只有$2\mu m$。在微循环中它被红细胞挤向血流柱的周围，沿着血管壁附近流动。在正常循环的血液中，血小板处于静息状态。它可以融入血管壁的内皮细胞。当内皮细胞脱落时，它还能沉着于其留下的空隙。当血管破裂时，血小板会聚集黏附于破损的血管，导致血液凝固，从而终止了血管破裂引起的出血。

以上血管及血液相关理化特性，对造成人体的血流阻滞埋下了不少危机。

第二节　"少盐多水"可以降低血液黏稠度

"血液的黏滞度主要决定于红细胞的比容，红细胞比容愈大，血液黏滞度愈高。"（《人体机能学》[5] P169）

在"少盐多水"的生活方式下，由于血液被稀释，容量有所增加，血液中的红细胞的比容自然降低，血液的黏滞度也随之下降。

从上节之"血管及血液相关理化特性"中，已经得知，血液为了完成它的三大功能（运输营养物质、消灭病原菌、修补裂缝），在循环过程中，它们会艰难地在微血管中移行。红细胞的直径与微血管的直径相近（有时还大于微血管的直径），被迫卷曲折叠才能前进。当遇到白细胞"贴壁黏着"准备与病原菌战斗，或血小板填补内皮细胞脱落留下的空隙时，更是阻力重重。

在"高盐少水"的生活方式下，血液黏度提高，当前面的红细胞受到阻滞，速度减慢，后面的红细胞就会碰着前面的红细胞，十几或几十个红细胞聚成一串，形成"串聚"现象。聚集的红细胞更使血管中的血液黏度增加，血流淤滞堵塞，常引起微循环障碍。

采用"少盐多水"的生活方式的人，则出现另一种情况。他们整个体液的容量都增加，血液中红细胞的比容自然要下降，因而血液黏稠度也要降低。因此医疗上对高黏血症有所谓"血液稀释疗法"，就是输入不含红细胞的体液，使血液稀释，血液黏度随之减低。这时由于血管中的阻力小，血液流速加快，红细胞不易发生"串聚"或"团聚"现象，微循环自然畅行无阻。

第三节　"少盐多水"减轻了动脉硬化的风险

胆固醇只是动脉硬化的"从犯"

"胆固醇广泛存在于全身各组织中，其中约1/4分布在脑和神经组织中，占脑组织总重量的2%左右。肝、肾及肠等内脏以及皮肤、脂肪组织亦含较多的胆固醇，每100g组织中含200～500mg，以肝为最多，肌肉较少。"（《人体机能学》[5] P81）

"胆固醇主要在肝内氧化成胆汁酸。"（《人体机能学》[5] P82）经胆道排入十二指肠。

"在细胞膜的脂质中，主要以磷脂类为主，约占总量的70%以上；其次是胆固醇，一般低于30%。"（《人体机能学》[5]P35）

胆固醇在肾上腺皮质主要转变成肾上腺皮质激素；在性腺还可转变为各种性激素；在皮下经日光或紫外线照射可转变成维生素D3。

由此可见胆固醇是人体各组织的重要组成成分。我们完全没有必要把胆固醇看成是"洪水猛兽"。其实最近的研究成果指出，胆固醇在动脉硬化过程中只是起着"从犯"的作用。

下面有关胆固醇与同型半胱氨酸的关系，摘录自《生命科学专辑》[13]P76由邹爱平所写的一篇文章《心血管病领域一次新的革命》：

"自从两位俄国科学家Nikolai Anitschkov和S. Chalatov 1913年根据德国病理学家Ludwig Aschoff 有关家兔动脉硬化斑上有脂肪和胆固醇结晶的发现，用胆固醇饲喂家兔3～5个月，结果这些家兔发生了动脉硬化，其硬化的动脉壁可检测出大量的脂肪及胆固醇结晶。人们由此认为胆固醇是导致动脉硬化的重要致病因子。"

"直至20世纪末期，医学界进行了一场'心血管领域的同型半胱氨酸革命'，确认了血中同型半胱氨酸浓度增高，直接损伤血管壁，随后脂质沉积形成斑块，从而导致动脉硬化。尽管胆固醇与心血管病尤其是冠状动脉硬化的发病有关，但它可能并非最直接或最具危险性的心血管病的危害因子。"

自此，胆固醇一下子由导致动脉硬化的"主犯"变为"从犯"。不过对于过高胆固醇血症的人，适当降低血液循环中的胆固醇还是有必要的。

"少盐多水"有利于肾对同型半胱氨酸的代谢

既然同型半胱氨酸是动脉硬化的最危险的因子，有必要加强人体对同型半胱氨酸的代谢。"少盐多水"的生活方式真正能达到这一目的。

　　我们在第十章第五节已经论述了，现代人"高盐少水的"的生活方式使肾细胞处于人体内最恶劣的生存内环境（肾髓质的渗透压达到1200 mmol/L），而且加重了肾细胞重吸收盐-水的负荷。由于现代人的肾脏处于不堪负重的地步，才使肾脏病成为现代人的高发病种。

　　而"少盐多水"的生活方式能使人体的肾脏回复300mmol/L生物细胞最适应的生存内环境，而且肾细胞重吸收盐-水的负荷明显减轻。这样的生活方式不但避免了肾脏病的发生，而且有利于肾脏对人体内各种代谢废物的清除。

　　我们知道，人体内大部分有毒有害物质都由肝脏进行代谢再交由肾脏进行排泄，而同型半胱氨酸则是一个例外，"人体内99%的同型半胱氨酸交由肾脏代谢，其中70%经肾脏清除，其余的则在人体内重新利用"。（摘自百度百科"高半胱氨酸"词条）

　　由此我们可以设想，由于"少盐多水"的生活方式能够改善肾细胞的生存环境，肾的功能处于完好的状态，必然有利于对同型半胱氨酸的代谢和清除。

　　同时"少盐多水"的生活方式明显地减轻了肾细胞的负荷，肾细胞便能利用更多的能量分子ATP对同型半胱氨酸进行代谢和清除。

"牛饮"增加了胆固醇的排出量

　　在第十一章第七节我们已经论述了通过"牛饮"（一口气喝250ml白开水/淡茶水）可以达到诱导胆汁作出适量的分泌，从而增加胆汁酸的循环量。本标题将继续探讨增大胆汁酸的循环量后能够达到增加胆固醇排出量的目的。

　　"胆固醇主要在肝内氧化成胆汁酸。"（《人体机能学》[5]P82）经胆道排入十二指肠。少部分胆固醇亦跟随胆汁进入十二指肠，转化为粪固醇随粪便排出体外。排入小肠的胆汁酸和胆固醇大部分进入肠-肝循环，重新回到肝脏回收利用。

　　"由于胆固醇代谢产物随粪便排泄为主要方式。"（《人体生

理学》[6]P208）而每次"牛饮"都可以诱导胆汁作出适量的分泌，使部分难溶的胆盐随粪便带走，致使回收进入肠-肝循环的胆盐减少，肝脏则需要利用更多的胆固醇合成新的胆汁酸，从而达到降低血液胆固醇的水平。

第四节　"牛饮"无异于
每天进行一次"血管操"

我们在第七章第三节已对在"牛饮"过程中体液容量的变化作了分析，表 7.3-1的数据显示，"牛饮"过程体液最大增加量为920ml。从这个数字计算出血液的最大增加量为：（920/39）×5≈120 ml〔注：39——总体液容量(L)，5——血液容量(L)〕，增加的比例为120/5000=2.4%。

这只是静态计算和分析的结果，实际情况存在如下两个动态过程：

1. 在"牛饮"过程中，水会由消化管→血管→细胞间液→细胞溶胶这样一个方向流动；电解质（特别是钾，还有钠等）则会沿着相反的方向：细胞→细胞间液→血管移动。这时会出现血液的电解质增量大于细胞间液的电解质增量。要达到渗透压平衡，电解质增量大的部分，水的增量也必然跟着增大。因而体液增加量920 ml水的分配就不完全按5：8：26（血液量：细胞间液量：细胞溶胶量）的比例进行，而会出现，血液和细胞间液的水分增加比例稍大，血管中水的增量大于细胞间液水的增量。这时会出现血液的最大增加量大于120 ml的情况。

2. 在"牛饮"过程中，水会由消化管→血管→细胞间液→细胞溶胶这样一个方向流动。水的流动有一个滞后过程，在流动过程中，上游水的增量必然大于下游水的增量。这样一个动态过程，也会造成实际血液容量大于静态计算出来的120 ml。

最终的结果是血液容量增加的比例＞2.4%。下面是早上空腹"牛饮"1L水造成血管直径增加比例的计算过程：

设"牛饮"前某段血管直径为d，长度为L；"牛饮"后血管直径变为D，长度仍为L，于是列出如下方程式：

（$\pi D^2/4$）L=1.024（$\pi d^2/4$）L

解方程得：D=1.012d

即血管的直径增加比例也同样会＞1.2%。在"牛饮"过程中出现的血管一紧一松，无异于每天进行一次"血管操"运动，血管的弹性自然会增加。因而血管平滑肌就不会像高血压患者那样总是崩得紧紧的。

第五节　"少盐多水"能增大血管相对直径

所谓增大血管相对直径，是以毛细血管与红细胞的尺寸对比变化而言。红细胞穿越毛细血管是最困难的一个举动。而"少盐多水"使毛细血管直径增加的尺寸比例大于红细胞直径增加的尺寸比例。这为红细胞在毛细血管的移行创造了有利的条件。

假设毛细血管的内直径D＝8μm，红细胞最大直径也是d=8μm。为了计算上的方便，设定红细胞为圆球形，取一段长为L＝8μm的毛细血管段进行对比计算。

毛细血管段的体积 V＝$\pi D^2 L/4$=402μm^3

球形红细胞的体积 v=(4/3)$\pi (d/2)^3$=268μm^3

假设体液增加2%，相应地血液和细胞溶胶也设定增加2%（实际是血液增加的比例略大于细胞溶胶增加的比例）。

毛细血管段的体积变为：$402 \times 1.02 = 410\,\mu m^3$，毛细血管的直径D将作如下的改变。列出方程式：

$\pi D^2 L/4 = 410\,\mu m^3$（注：在体液增加时，血管长度不会相应增加）

解上述方程得：$D = 8.08\,\mu m$

球形红细胞的体积变为：$268 \times 1.02 = 273\,\mu m^3$，球形红细胞的直径d将作如下的改变。列出方程式：

$(4/3)\,\pi (d/2)3 = 273\,\mu m^3$

解上述方程得：$d = 8.03\,\mu m$

从上面的计算结果得出：同样是增加2%的容量，血管增加的直径要比球形红细胞增加的直径大一些。原来是$8\,\mu m$的球形红细胞穿过$8\,\mu m$直径的毛细血管，有一定的困难（完全没有空隙）。现在则是，$d = 8.03\,\mu m$的球形红细胞穿过$D = 8.08\,\mu m$的毛细血管，红细胞移行自然会变得轻松得多（存在$0.05\,\mu m$空隙）。

况且，红细胞并不是球形，而是双凹圆碟形，圆碟上下缘曲面的曲率小于外周的曲率。从结构力学的原理得知，对于相同厚度不同曲率的曲面，如果受到相同的内压，曲率逾小，则变形逾大，而曲率逾大，则变形逾小。如果把这一结构力学的原理应用于红细胞，由于红细胞圆碟上下缘曲面的曲率较小，变形会较大，而外周曲面的曲率较大，则变形较小。因而当细胞溶胶增加时，红细胞向厚度鼓胀的尺寸会大于向外径鼓胀的尺寸，红细胞的外径就更应小于$8.03\,\mu m$了。因而"少盐多水"的生活方式通过增大血管相对直径使血流阻力减小，血液流速加大。相当于血管比原来更畅通了。

第六节　NO（一氧化氮）的功劳

（第八章第四、五节）我们已经论述了"少盐多水"的饮食习惯使扩血管因子—血管内皮依赖的舒张因子NO基因表达得到增强，致使血管舒张，血管内皮细胞功能保持完好，从而为避免高血压病的发生作出贡献。

NO除了舒张血管，降低血压外，在疏通血管方面还有如下的功能：

对抗自由基和同型半胱氨酸；

消除血管炎症；

阻止血管斑块及动脉硬化的形成。

自由基和同型半胱氨酸在造成血管炎症、斑块和动脉硬化的过程中，起到"主犯"的作用。虽然它们都是人体在代谢过程中的一些产物，但是它们主动攻击血管内皮细胞，致其受伤，才使血小板和白细胞有所动作，才使胆固醇过来帮倒忙，形成血管斑块。因而，近年来不少专家学者们把自由基和同型半胱氨酸看成是一种更危险的动脉硬化因子。

以前被人们看作血管动脉硬化祸首而误解了50年的胆固醇，其实是过来"凑热闹"的。它在血管壁的聚集，原意是参与受伤的血管内皮细胞的修复。但它同样被自由基和同型半胱氨酸攻击并被利用，最后成为血管形成斑块和动脉硬化的"帮凶"。

NO是体内自我生成的最强的抗氧化剂，能够对抗自由基和同型半胱氨酸，与之发生"同归于尽"的"中和"反应，它还能"抑制血小板在血管内壁的黏附，从而降低斑块积累导致血栓形成的危

险"。(《一氧化氮让你远离心脑血管病》[16] P118)

　　可悲的是，人类自从引入食盐采取"高盐少水"的生活方式后，捍卫血管内皮细胞的这名悍将——NO的作用大为削弱，致使心脑血管病"泛滥成灾"。可喜的是，只要我们把生活方式改变为"少盐多水"，这名悍将又会重新振作起来。

第十五章　水－盐摄入对其他身体功能的影响

第一节　"牛饮"加速了衰老红细胞的分解

　　"成熟红细胞的寿命平均为120天。成熟红细胞无核，不能合成新的蛋白质，故对其自身结构无法更新、修补。衰老的红细胞主要在肝、脾被巨噬细胞所吞噬而降解。"（《人体机能学》[5] P139）红细胞降解后分离出血红素，血红素继而转化为胆红素，胆红素在肝细胞中转化为结合胆红素，结合胆红素在肝内随胆汁排入肠腔，被肠道细菌转化为各种胆素（如粪胆素、尿胆素等）。粪胆素使粪便呈黄褐色，尿胆素使尿液现黄色。80%的胆素随粪便和尿液排出体外。约20%的胆素在肠道中重新吸收入血，进入胆色素的肠－肝循环。现将各种胆素代谢过程综合于图15.1–1。

　　我们在第十一章第七节已经论述了，"牛饮"可以增大胆汁的肠-肝循环，无形中增加了各类难溶的胆素进入大小二便的机会。这一过程也促进了衰老的红细胞被肝、脾及骨髓等网状内皮细胞识别并吞噬，分离出血红素的数量也会增加。红细胞更新的速度及比例相应增大，同样可以刺激肾等器官作出反应，增加EPO（促红细胞生成素）的分泌，进而刺激骨髓，促进血红蛋白合成和红细胞发育，使血中成熟红细胞增加。

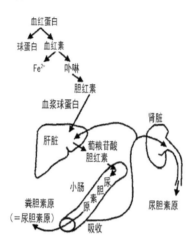

图15.1-1 胆色素代谢示意图

（《人体生理学》[6] P208）

第二节　水－盐摄入影响组织液的更新

"少盐多水"提高了组织液的更新速度

通常情况下，"每天约有24L的液体自毛细血管滤出，约占心排血量的0.3%。约85%的滤出液（组织液）被重吸收回毛细血管，其余的通过淋巴系统返回血液循环"（《人体生理学》[6] P128）。组织液的生成与回流如图15.2-1。

组织液生成的数量由如下公式中的"有效滤过压"决定：

有效滤过压＝［毛细血管血压（1）＋组织液胶体渗透压（2）］－［血浆液胶体渗透压（3）＋组织液静水压（4）］

　　有效滤过压增加，组织液的生成量就增加。在上式中，凡决定有效滤过压的各个因素的变化，都会影响组织液的生成与回流。其中（1）或（2）的增加和（3）或（4）的减少都会使有效滤过压增加。从而使组织液的生成量与回流量都会增加。

　　由于"少盐多水"的生活方式降低了血液的黏稠度、增大了血管相对直径和增加了血液流速，均会使毛细血管的血压（1）有所提高；同时由于血液被稀释了，致使血浆液胶体渗透压（3）也有所减少。而等式中的（2）和（4）大体上变化不大。

　　在上式中，不管是（1）的提高还是（3）的减少，都会共同使有效滤过压增加，致使组织液的生成量与回流量同时增加。

　　我们已经知道，人体由60万亿个细胞组成，人体的生命活动其实就是由60万亿个细胞的生命活动汇总而成。而细胞的生命活动所需要的各种营养物质和其他细胞发出的各种信息（如激素），均由血液循环带到各个细胞群，通过组织液而送达。而细胞的生命活动所产生的各种废物和向其他细胞发出的各种信息，同样是通过组织液而送出。俗话说"流水不腐，户枢不蠹"，组织液更新的速度加快，提高了组织液的"新鲜"程度，使组织液变得更加"年轻"。

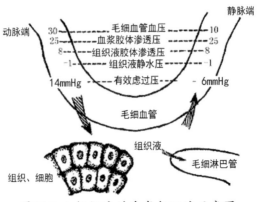

图15.2-1 组织液的生成与回流示意图

（《人体生理学》[6] P128）

组织液更新的速度加快，不但带动了各种营养物质和代谢产物的输送，同时带动了淋巴液回流量的增加，亦有利于滞留在组织液中的大颗粒物质及时移除。由此，我们已经看到，组织液的更新速度影响着60万亿个细胞的生存质量。

"少盐多水"的生活方式通过增加组织液的更新量，从而提高了60万亿个细胞的生存质量；而"高盐少水"的生活方式则从相反的方向，降低了60万亿个细胞的生存质量。

组织液更新量的增加，淋巴液的回流量自然也增加，对淋巴管线的疏通，自然会产生良好的效果。不再赘述。

体液"年轻"，机体才年轻

"有人做过这样一个实验：把一只衰老麻雀和一只幼年麻雀的腹腔缝合起来，让两者的体液交流，这样隔了一段时间以后，幼年麻雀即迅速衰老了。这说明体液的衰老能促使机体的衰老。"（《自我调控长寿术》[18] P50）

人的机体内60万亿个细胞均生活在体液之中（我把它称作细胞的"外海"），它们无时无刻都在与体液交换物质和信息。把对细胞有用的物质和信息吸收到细胞内，把细胞内的代谢废物和供其他细胞使用的物质和信息，输送到体液中。衰老的体液对物质和信息转运和更新的速度较慢，年轻的体液则相反，它使细胞能及时输入或输出各种物质和信息，以适应细胞生存的需要。

水是带动各种物质和信息流动的载体，它总是从渗透压低的地方流向渗透压高的地方。喝水多的时候，渗透压梯度是沿着血液"细胞间液"细胞溶胶递增，水也沿着这个梯度流动。两次饮水间隙，水则沿着相反的方向流动。我把它称为"潮汐"，或通俗一点叫涨潮和退潮。喝水量的增加无形中增加了细胞间液和细胞溶胶的更新速度。对细胞有用的物质和信息会得到及时的输入，对各种代谢产物会得到及时的送出，体液就会显得年轻。

细胞的含水量也标示着细胞的衰老程度。杨抚华在《医学生物学》[3]P110中有这样一段描述："细胞的衰老，有如下特征：细胞的水分减少；细胞内酶活性降低；色素、钙及各种惰性物质在细胞内积累；细胞的呼吸速率减缓以及细胞核固缩、染色加深等。"他把细胞水分的减少作为细胞衰老的第一位因素。**喝水少的人，血液浓缩，水自然会沿着从细胞溶胶"细胞间液"血液方向流动，以保证血液的容量，细胞就会出现缺水现象。想保持细胞不缺水、保持体液"年轻"，只有一条办法，就是多喝水少吃盐。**

第三节　水－盐摄入影响皮肤的靓丽

胶原蛋白影响人体的衰老进程

爱达荷大学的动物学教授——斯蒂文·奥斯泰德是通过负鼠的尾巴研究负鼠寿命的专家之一。他从研究鼠尾肌腱的伸缩性，得出可以将胶原蛋白作为一个生物年龄的客观指标。在一定的温度下，如果负鼠的尾巴被拉长后，弹性回缩的时间越短，这只负鼠就越年轻。（摘自《延长寿命》[19]P38）

奥斯泰德指出："胶原所以这么吸引人的原因是，它是你终身需要的分子之一，它不能被替换。所以，就像每一种不可替换的东西一样，它最终会衰老。另一个原因是，它在你身体中的每一个地方。它存在于人类的肌腱和韧带中，就像在负鼠身体中一样。但是，它还存在于你的皮肤与你的内部器官中。当它变老时，它会变硬，同时它会变得发黄。"（《延长寿命》[19]P38）

何志谦在《人类营养学》中也有如下一段陈述：

"老化的胶原增加了它的紧张度是与其分子结构改变有关的。因为老化后在胶原纤维的分子内由氢与酯键所形成的交连增加了。……因为胶原蛋白约占机体蛋白的40%，又是结缔组织的重要组成部分，通过这种组织的作用才能使全身所有细胞与机体内环境接触，故研究这种蛋白可以了解人的衰老，并可找到有关机制。"（《人类营养学》[4] P400）

从上面著名的奥斯泰德负鼠尾巴的实验，及两位专家对胶原蛋白的陈述可以看到，人体内的胶原蛋白对人体的衰老进程是多么重要，从而需要我们时刻去呵护它。下面我将分析，胶原蛋白年轻化可使人体的皮肤显得更加丰满和靓丽。

限食使胶原蛋白"年轻化"

有人分别对限制饮食组大鼠和自由进食组大鼠的尾巴肌腱进行伸缩性试验，发现限制饮食组大鼠尾巴肌腱拉长后的回缩时间较短，从而证明它的胶原蛋白比较年轻。何志谦在（《人类营养学》[4] P400）中对这方面也有一段评议："动物如果长期限制膳食，其肌腱的生物年龄比年代年龄小。间断对Wistar大鼠进行饱腹和空腹交替试验，也可以使胶原纤维的硬度得到减弱。"

一个人，如果他体内的胶原蛋白是年轻的，他的皮肤就会丰满且富有弹性，他的肌腱和韧带就会柔韧自如，他体内的组织器官就不容易出现纤维化和硬化的迹象，他的行动就会轻盈而且敏捷。

我们在第三章已经论述了，"少盐多水"能够降低人体能量消耗的20%，连同有意识的限食，共可降低人体能量消耗的40%。也就是说，限食加上"少盐多水"共同作用亦可以达到使体内的胶原蛋白年轻化，皮肤变得丰满且富有弹的目的。

限食的同时增加饮水量可使皮肤更加靓丽

这种情况是基于甲状腺素对蛋白质代谢的影响而出现的一种现象。

"甲状腺素对蛋白质代谢的作用因其剂量不同而不同。生理剂量的甲状腺素促进蛋白质合成，引起正氮平衡，大剂量则促进蛋白质分解，引起负氮平衡……甲状腺素分泌不足时，蛋白质合成减少，肌肉无力，但细胞间的黏蛋白增加，后者结合大量正离子与水分子，使皮下组织细胞间液增加，引起水肿，称为黏液性水肿。如果给予甲状腺激素治疗，可使黏蛋白吸收，并促进水分随尿排出。"（《人体生理学》[6]P393）

从人体功能学的知识得知，限食不但减少了甲状腺激素的分泌量，而且降低了甲状腺激素的活性，从而使人体的新陈代谢减慢。这样的情况正是介乎于甲状腺激素正常分泌与分泌不足之间，比正常状态分泌的甲状腺激素少，但又不至于达到病态分泌不足的状态。这时细胞之间的黏蛋白也比甲状腺激素正常分泌的人群增加，黏蛋白同样会结合正离子与水分子。在此同时，增加喝水量便可使皮下组织细胞间液增加。由于还没有达到水肿的地步，因而便使人体皮肤显得更加丰满，从外表上看，使人显得更加年轻和靓丽。

第四节　"牛饮"补水还能减轻饥饿感觉

"牛饮"补水有那些功能？

人体补充水分大体上有两种方法：一种方法是少量多次，比如要在1h内补充250ml水均匀地分多次（例如10次）喝完；另一种方法则是一次过一口气喝完。第二种方法我们把它称作"牛饮"补水法。由于"牛饮"补水法对人体健康有不少功能，我们偏重于采用这样的补水法。下面是"牛饮"补水法对人体各种功能的分析：

（1）早上空腹分4次"牛饮"1L水，具有辅助治疗高血压的作用；（第八章第七节）

（2）"牛饮"对消化管道具有通渠式的清洗作用；（第十一章第三节）

（3）"牛饮"可诱骗大肠蠕动，彻底清除粪便；（第十一章第四节）

（4）"牛饮"可以加强胆汁酸的肠-肝循环，稀释胆汁酸（第十一章第七节），同时对人体起到如下三方面的作用：

① 避免了胆结石的形成；（第十三章第二节）

② 降低了血液循环中的胆固醇；（第十四章第三节）

③ "牛饮"补水还能减轻人体的饥饿感。

第③点正是我在本节要陈述的。

主笔每天的补水情况

由于"牛饮"补水有太多的功能，主笔每天的补水大都以"牛饮"的方式进行（如表15.4-1）。

表15.4-1 作者"牛饮"补水情况（ml）

	时间	"牛饮"喝水
空腹"牛饮"	5:15	250
	5:30	250
	5:45	250
	6:00	250
上午"牛饮"补水	7:00	250
	8:00	250
	9:00	250
	10:00	250
	11:00	250
下午"牛饮"补水	14:00	250
	15:00	250
	16:00	250
	17:00	250

为了保证餐后的消化，宜采取餐前半小时不喝水，餐后1h少量补水的方式。由于主笔为了让机体每天都有一段时间（7:00~12:00）处于饥饿状态，减免了早餐已经有20多年。关于这方面对人体健康的作用，我将在《健康新思维（二）》加以陈述。对于有早餐习惯的读者，早餐前和后应适当减少喝水量，以利于消化。

主笔有意减免早餐已有20多年时间，开始时确有饥饿难忍的感觉，这种感觉会延续半小时。随着人体内肝糖原和肌糖原适时调动出来，以及体内脂肪的糖异生作用加强（注：把脂肪变为葡萄糖的过程），血糖能得到及时补充后，饥饿感就会消失。人体的功能会逐渐适应，有饥饿感觉的时间也会逐渐缩短，由30分钟变为20分钟、10分钟，甚至缩短为5分钟。20年来，虽然每次有饥饿感觉的时间已经缩短为5分钟内，但在午餐前总会出现2~3次这样的感受。

主笔是在2001年开始实行"牛饮"补水法的，采用每小时的正点一口气喝完250ml水，自此有饥饿感觉的时间居然完全消失了。下面是我们对通过"牛饮"补水达到饥饿感消失的个中原因的见解。

当一口气喝完250ml水，口腔需要连续数次的吞咽动作，致使食管数次蠕动；不但刺激了唾液的分泌；还通过迷走神经使胃作"容受性舒张"；同时胃液出现"头期分泌"；250ml水对胃的重力和容量刺激，使胃液出现"胃期分泌"；胰液、胆汁和小肠液均作出适量分泌反应；同时小肠会出现小型的"蠕动波"；水充胀胃肠壁通过胃-结肠反射还会引起大肠出现"集团蠕动"。可见"牛饮"250ml水后，整个消化系统都会动员起来。这种动员通过如下两方面抑制了摄食中枢。

"各种与摄食有关的'口腔因素'，如咀嚼、流涎、吞咽及尝味可反射性地抑制下丘脑摄食中枢。不过这只维持20~40分钟，然后饥饿感又发生。"（《人体生理学》[6] P221）

"当胃肠（特别是十二指肠）道被扩张时，刺激胃肠壁感受

器，传入冲动经迷走神经传入，抑制摄食中枢，因此降低对食物的欲望。"（《人体生理学》[6] P221）

　　主笔在每小时的正点都"牛饮"250ml水，饥饿感会因摄食中枢受到抑制而消失。在下一个小时的正点，在饥饿感还没有再出现之时，我又"牛饮"250ml水，又一次抑制摄食中枢，如是，饥饿感就会完全消失。这大概就是"喝水也能'充饥'"的生物学依据吧。

参 考 文 献

［1］陈其荣. 自然哲学［M］. 上海：复旦大学出版社，2005.

［2］张正斌. 海洋化学［M］. 青岛：中国海洋大学出版社，2004.

［3］杨抚华，陈汉彬，李德俊等. 医学生物学［M］. 北京：科学出版社，2003.

［4］何志谦，王光亚，苏宜香等. 人类营养学［M］. 北京：人民卫生出版社，2000.

［5］樊小力，朱保恭，赵君庸等. 人体机能学［M］. 北京：北京医科大学出版社，2000.

［6］孙庆伟，周光纪，白洁等. 人体生理学［M］. 北京：中国医药科技出版社，2009.

［7］王光亚，沈治平，范文洵等. 食物成分表［M］. 北京：人民卫生出版社，1991.

［8］凌诒萍，左仮，杨恬等. 细胞生物学［M］. 北京：人民卫生出版社，2002.

［9］窦肇华，王道河，马文领等. 人体结构与功能［M］. 北京：人民卫生出版社，2003.

［10］〔美〕F.巴特曼著、刘晓梅译. 水是最好的药［M］. 吉林：吉林文史出版社，2006.

［11］王豫廉. 离子水——防病治病趋向的健康之水［M］. 上海：第二军医大学出版社，2001.

［12］朱锦富. 回龙汤——中国尿疗法［M］. 北京：解放军出版社，2001.

［13］刘国奎，王勋，王中林等．生命科学专辑［M］．北京：清华大学出版社，2003．

［14］毛泽东．矛盾论［M］．北京：人民出版社，1975．

［15］〔日〕光冈知足著，林国彰译．肠内革命［M］．海口，海南出版社，2003．

［16］〔美〕路易斯J.伊格纳罗著，吴寿岭译．一氧化氮让你远离心脑血管病［M］．北京：北京大学医学出版社．

［17］彭贤贵，倪泰一等．人体报告［M］．重庆：重庆大学出版社，2001．

［18］蒋谷人，乔宾福，张梅等．自我调控长寿术［M］．天津：天津科学技术出版社，2004．

［19］〔美〕弗雷德·瓦绍夫斯基著，孙午林译．延长寿命——关于衰老的新科学［M］．北京：经济管理出版社，2003．

［20］赵立平．基因与生命的本质［M］．山西，山西科学技术出版社，2001．